제제
수학
6-1

 서사원주니어

수학을 잘하고 싶은 어린이 모여라!

안녕하세요, 어린이 여러분?

선생님은 초등학교에서 학생들을 가르치면서, 수학을 잘하고 싶지만 어려워하는 어린이들을 많이 만났어요. 그래서 여러분이 혼자서도 수학을 잘할 수 있도록, 개념을 쉽게 알려 주는 문제집을 만들었어요.

여러분, 계단을 올라가 본 적이 있지요? 계단을 한 칸 한 칸 올라가다 보면 어느새 한 층을 다 올라가 있듯, 수학 공부도 똑같아요. 매일매일 조금씩 공부하다 보면 어느새 나도 모르게 수학 실력이 쑥쑥 올라가게 될 거예요.

선생님이 만든 '제제수학'은 수학 교과서처럼 한 단계씩 차근차근 공부할 수 있어요. 개념을 이해하게 도와주는 쉬운 문제부터 천천히 공부할 수 있도록 구성했으니, 수학 진도에 맞춰서 제대로, 그리고 꾸준히 공부해 보세요.

하루하루의 노력이 모여 여러분의 수학 실력을 단단하게 만들어 줄 거예요.

-권오훈, 이세나 선생님이

이 책의 구성과 활용법

step 1 — 단원 내용 공부하기

▶ 학교 진도에 맞춰 단원 내용을 공부해요.
▶ 각 차시별 핵심 정리를 읽고 중요한 개념을 확인한 후 문제를 풀어요.

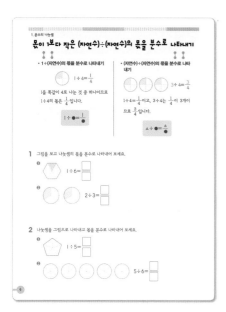

step 2 — 연습 문제
계산력을 키워요.

▶ 단원의 모든 내용을 공부하고 난 뒤에 계산 연습을 해요.
▶ 계산 연습을 할 때에는 집중하여 정확하게 계산하는 태도가 중요해요.
▶ 정확하게 계산을 잘하게 되면 빠르게 계산하는 연습을 해 보세요.

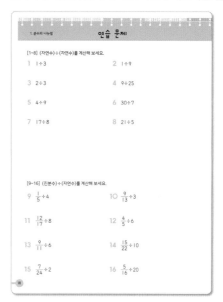

step 3 — 단원 평가
배운 내용을 확인해요.

▶ 잘 이해했는지 확인해 보고, 배운 내용을 정리해요.
▶ 문제를 풀다가 어려운 내용이 있다면 한번 더 공부해 보세요.

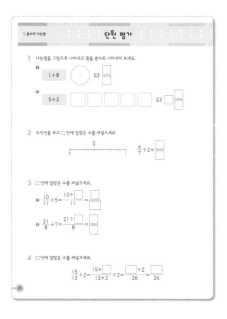

step 4 — 실력 키우기
응용력을 키워요.

▶ 생활 속 문제를 해결하는 힘을 길러요.
▶ 서술형 문제를 풀 때에는 문제를 꼼꼼하게 읽어야 해요.
   식을 세우고 문제를 푸는 연습을 하며 실력을 키워 보세요.

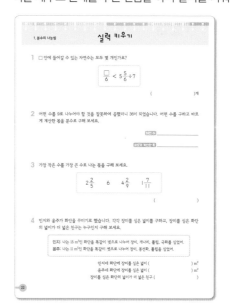

차례

1. 분수의 나눗셈

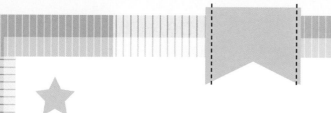

- 몫이 1보다 작은 (자연수)÷(자연수)의 몫을 분수로 나타내기

- 몫이 1보다 큰 (자연수)÷(자연수)의 몫을 분수로 나타내기

- (분수)÷(자연수) 알아보기

- (진분수)÷(자연수)를 분수의 곱셈으로 나타내기

- (가분수)÷(자연수)를 분수의 곱셈으로 나타내기

- (대분수)÷(자연수)를 분수의 곱셈으로 나타내기

몫이 1보다 작은 (자연수)÷(자연수)의 몫을 분수로 나타내기

• 1÷(자연수)의 몫을 분수로 나타내기

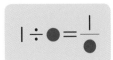

$1 \div 4 = \frac{1}{4}$

1을 똑같이 4로 나눈 것 중 하나이므로 1÷4의 몫은 $\frac{1}{4}$입니다.

$$1 \div \bullet = \frac{1}{\bullet}$$

• (자연수)÷(자연수)의 몫을 분수로 나타내기

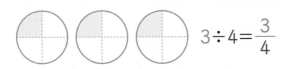

$3 \div 4 = \frac{3}{4}$

$1 \div 4 = \frac{1}{4}$이고, 3÷4는 $\frac{1}{4}$이 3개이므로 $\frac{3}{4}$입니다.

$$\blacktriangle \div \bullet = \frac{\blacktriangle}{\bullet}$$

1 그림을 보고 나눗셈의 몫을 분수로 나타내어 보세요.

❶
$1 \div 6 = \dfrac{\Box}{\Box}$

❷
$2 \div 3 = \dfrac{\Box}{\Box}$

2 나눗셈을 그림으로 나타내고 몫을 분수로 나타내어 보세요.

❶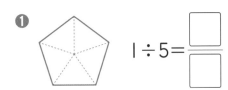
$1 \div 5 = \dfrac{\Box}{\Box}$

❷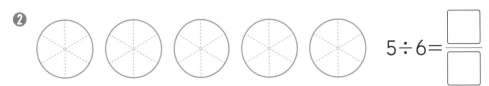
$5 \div 6 = \dfrac{\Box}{\Box}$

3 □ 안에 알맞은 수를 써넣으세요.

❶ $1 \div 7 = \dfrac{\boxed{}}{\boxed{}}$

❷ $3 \div 7$은 $\dfrac{1}{7}$이 $\boxed{}$개입니다.

❸ $3 \div 7$은 $\dfrac{\boxed{}}{\boxed{}}$입니다.

4 나눗셈의 몫을 분수로 나타내어 보세요.

❶ $1 \div 8 = \dfrac{\boxed{}}{\boxed{}}$

❷ $5 \div 9 = \dfrac{\boxed{}}{\boxed{}}$

5 나눗셈의 몫을 찾아 선으로 이어 보세요.

$1 \div 8$	$4 \div 11$	$4 \div 9$
•	•	•

•	•	•
$\dfrac{1}{8}$	$\dfrac{4}{9}$	$\dfrac{4}{11}$

6 설탕 1 kg을 봉지 10개에 똑같이 나누어 담으려고 합니다. 한 봉지에 설탕을 몇 kg씩 담아야 하는지 구해 보세요.

(   ) kg

몫이 1보다 큰 (자연수)÷(자연수)의 몫을 분수로 나타내기

▲÷●의 몫을 분수로 나타낼 때, ▲>●인 경우 몫이 1보다 큰 가분수가 됩니다.

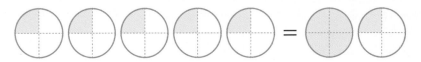

방법 1 1÷4의 몫은 $\frac{1}{4}$이고, 5÷4는 $\frac{1}{4}$이 5개 ➡ $5÷4=\frac{5}{4}=1\frac{1}{4}$

방법 2 5÷4=1…1, 나머지 1을 4로 나누면 $\frac{1}{4}$ ➡ $5÷4=1\frac{1}{4}=\frac{5}{4}$

1 그림을 보고 나눗셈의 몫을 분수로 나타내어 보세요.

❶

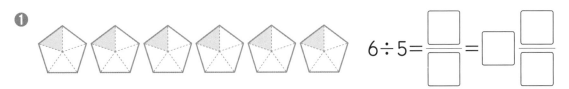

$6÷5=\dfrac{\square}{\square}=\square\dfrac{\square}{\square}$

❷

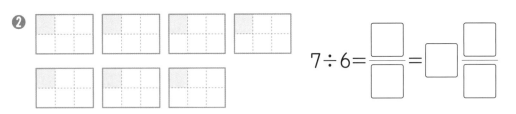

$7÷6=\dfrac{\square}{\square}=\square\dfrac{\square}{\square}$

2 1÷4의 몫을 이용하여 13÷4의 몫을 분수로 나타내려고 합니다. □ 안에 알맞은 수를 써넣으세요.

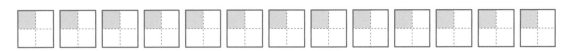

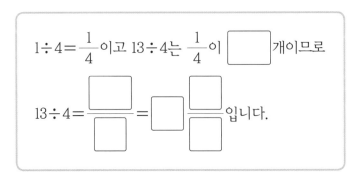

$1÷4=\dfrac{1}{4}$이고 13÷4는 $\dfrac{1}{4}$이 $\boxed{}$ 개이므로

$13÷4=\dfrac{\square}{\square}=\square\dfrac{\square}{\square}$입니다.

3 나눗셈의 몫과 나머지를 이용하여 18÷5의 몫을 분수로 나타내려고 합니다. □ 안에 알맞은 수를 써넣으세요.

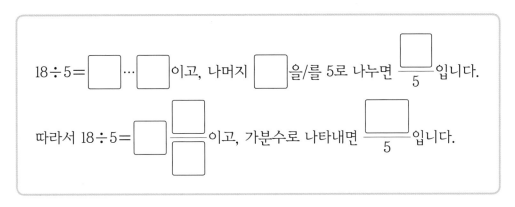

18÷5=☐ ··· ☐ 이고, 나머지 ☐ 을/를 5로 나누면 $\dfrac{☐}{5}$ 입니다.

따라서 18÷5=☐$\dfrac{☐}{☐}$ 이고, 가분수로 나타내면 $\dfrac{☐}{5}$ 입니다.

4 나눗셈의 몫을 분수로 나타내어 보세요.

❶ 10÷7=$\dfrac{☐}{☐}$=☐$\dfrac{☐}{☐}$

❷ 16÷9=$\dfrac{☐}{☐}$=☐$\dfrac{☐}{☐}$

5 나눗셈의 몫을 찾아 선으로 이어 보세요.

23÷3 •   • $4\dfrac{3}{4}$

19÷4 •   • $7\dfrac{2}{3}$

7÷2 •   • $3\dfrac{1}{2}$

6 색종이 15장을 4명이 똑같이 나누려고 합니다. 한 명이 색종이를 몇 장씩 가질 수 있는지 구해 보세요.

(   )장

(분수)÷(자연수) 알아보기

- **분자가 자연수의 배수인 (분수)÷(자연수)**

  분자를 자연수로 나누어 계산합니다.

  $$\frac{6}{7} \div 3 = \frac{6 \div 3}{7} = \frac{2}{7}$$

- **분자가 자연수의 배수가 아닌 (분수)÷(자연수)**

  크기가 같은 분수 중 분자가 자연수의 배수인 수로 바꾸어 계산합니다.

  $$\frac{6}{7} \div 5 = \frac{6 \times 5}{7 \times 5} \div 5 = \frac{30}{35} \div 5 = \frac{30 \div 5}{35} = \frac{6}{35}$$

  5의 배수가 되어야 하므로 분모와 분자에 각각 5를 곱해요.

1 수직선을 보고 □ 안에 알맞은 수를 써넣으세요.

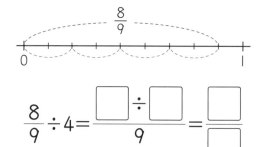

$$\frac{8}{9} \div 4 = \frac{\boxed{} \div \boxed{}}{9} = \frac{\boxed{}}{\boxed{}}$$

2 그림을 보고 $\frac{5}{7} \div 3$의 몫을 분수로 나타내려고 합니다. □ 안에 알맞은 수를 써넣으세요.

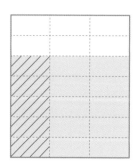

$$\frac{5}{7} \div 3 = \frac{5 \times 3}{7 \times 3} \div 3 = \frac{\boxed{}}{21} \div 3 = \frac{\boxed{} \div 3}{21} = \frac{\boxed{}}{21}$$

3 □ 안에 알맞은 수를 써넣으세요.

❶ $\dfrac{10}{13} \div 5 = \dfrac{\boxed{} \div 5}{13} = \dfrac{\boxed{}}{13}$

❷ $\dfrac{7}{11} \div 2 = \dfrac{\boxed{}}{22} \div 2 = \dfrac{\boxed{} \div 2}{22} = \dfrac{\boxed{}}{\boxed{}}$

4 나눗셈을 바르게 계산한 사람을 찾아 이름을 써 보세요.

> 희재: $\dfrac{7}{12} \div 3 = \dfrac{7}{12 \div 3} = \dfrac{7}{4} = 1\dfrac{3}{4}$
>
> 민준: $\dfrac{7}{12} \div 3 = \dfrac{7 \times 3}{12 \times 3} \div 3 = \dfrac{21}{36} \div 3 = \dfrac{21 \div 3}{36} = \dfrac{7}{36}$

(   )

5 나눗셈의 몫을 분수로 나타내어 보세요.

❶ $\dfrac{8}{13} \div 2$ ❷ $\dfrac{4}{9} \div 3$

6 둘레가 $\dfrac{4}{11}$ m인 정삼각형의 한 변의 길이는 몇 m인지 구해 보세요.

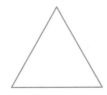

(   ) m

(진분수)÷(자연수)를 분수의 곱셈으로 나타내기

(분수)÷(자연수)를 (분수)×$\dfrac{1}{(자연수)}$로 바꾸어 계산합니다.

$$\dfrac{\triangle}{\bullet} \div \blacksquare = \dfrac{\triangle}{\bullet} \times \dfrac{1}{\blacksquare}$$

1 그림을 보고 나눗셈을 계산해 보세요.

❶

$$\dfrac{1}{4} \div 3 = \dfrac{\boxed{}}{\boxed{}}$$

❷

$$\dfrac{3}{5} \div 2 = \dfrac{\boxed{}}{\boxed{}}$$

2 $\dfrac{5}{6} \div 2$를 계산하려고 합니다. ☐ 안에 알맞은 수를 써넣으세요.

(분수)÷(자연수)는 (분수)×$\dfrac{1}{(자연수)}$로 바꾼 다음 곱하여 계산합니다.

따라서 $\dfrac{5}{6} \div 2 = \dfrac{5}{6} \times \dfrac{\boxed{}}{\boxed{}} = \dfrac{\boxed{}}{\boxed{}}$입니다.

3 몫을 기약분수로 나타내어 보세요.

① $\dfrac{5}{8} \div 10$

② $\dfrac{7}{11} \div 14$

③ $\dfrac{12}{13} \div 3$

④ $\dfrac{9}{10} \div 3$

4 나눗셈을 계산하여 빈칸에 알맞게 써넣으세요.

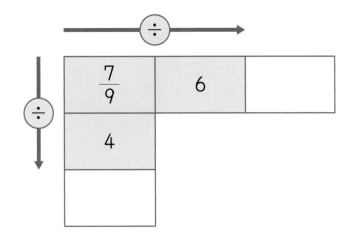

5 길이가 $\dfrac{1}{5}$ m인 테이프를 똑같이 4조각으로 나누었습니다. 한 조각의 길이는 몇 m인지 구해 보세요.

(   ) m

6 무게가 같은 상자 6개의 무게를 재었더니 $\dfrac{18}{19}$ kg이었습니다. 상자 1개의 무게는 몇 kg인지 구해 보세요.

(   ) kg

(가분수)÷(자연수)를 분수의 곱셈으로 나타내기

(가분수)÷(자연수)를 (가분수)×$\dfrac{1}{(자연수)}$로 바꾸어 계산합니다.

$$\dfrac{12}{7} \div 5 = \dfrac{12}{7} \times \dfrac{1}{5} = \dfrac{12}{35}$$

1 $\dfrac{7}{2} \div 2$를 계산하려고 합니다. □ 안에 알맞은 수를 써넣으세요.

> (가분수)÷(자연수)는 (가분수)×$\dfrac{1}{(자연수)}$로 바꾼 다음 곱하여 계산합니다.
>
> 따라서 $\dfrac{7}{2} \div 2 = \dfrac{7}{2} \times \dfrac{\Box}{\Box} = \dfrac{\Box}{\Box} = \Box\dfrac{\Box}{\Box}$입니다.

2 계산해 보세요.

❶ $\dfrac{5}{3} \div 7$

❷ $\dfrac{8}{5} \div 3$

❸ $\dfrac{13}{3} \div 4$

❹ $\dfrac{21}{10} \div 2$

3 나눗셈을 계산하여 빈 곳에 알맞게 써넣으세요.

$\dfrac{11}{5}$	$\dfrac{3}{2}$	$\dfrac{12}{7}$	$\dfrac{13}{6}$

÷2

4 계산 결과가 가장 큰 것의 기호를 써 보세요.

$$\text{㉠ } \frac{16}{5} \div 4 \qquad \text{㉡ } \frac{18}{5} \div 6 \qquad \text{㉢ } \frac{21}{10} \div 7$$

(   )

5 관계있는 것끼리 선으로 이어 보세요.

$\frac{9}{7} \div 3$	•	•	$\frac{12}{5} \times \frac{1}{4}$	•	•	$\frac{12}{20}$	•	•	$\frac{3}{7}$
$\frac{12}{5} \div 4$	•	•	$\frac{11}{3} \times \frac{1}{2}$	•	•	$\frac{9}{21}$	•	•	$\frac{3}{5}$
$\frac{11}{3} \div 2$	•	•	$\frac{9}{7} \times \frac{1}{3}$	•	•	$\frac{11}{6}$	•	•	$1\frac{5}{6}$

6 길이가 $\frac{18}{5}$ m인 색 테이프를 똑같이 4조각으로 나누었습니다. 한 조각의 길이는 몇 m인지 구해 보세요.

(   ) m

7 직사각형의 넓이가 $\frac{16}{3}$ cm²이고 가로가 5 cm일 때 이 직사각형의 세로는 몇 cm인지 구해 보세요.

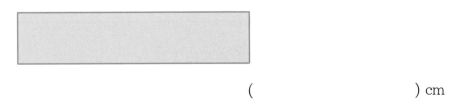

(   ) cm

(대분수)÷(자연수)를 분수의 곱셈으로 나타내기

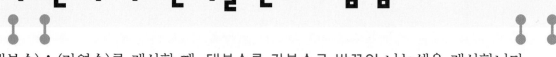

(대분수)÷(자연수)를 계산할 때, 대분수를 가분수로 바꾸어 나눗셈을 계산합니다.

- **대분수를 가분수로 바꾸었을 때 분자가 자연수의 배수인 (대분수)÷(자연수)**

$$2\frac{1}{4} \div 3 = \frac{9}{4} \div 3 = \frac{9 \div 3}{4} = \frac{3}{4}$$

- **대분수를 가분수로 바꾸었을 때 분자가 자연수의 배수가 아닌 (대분수)÷(자연수)**

$$1\frac{3}{4} \div 2 = \frac{7}{4} \div 2 = \frac{14}{8} \div 2 = \frac{14 \div 2}{8} = \frac{7}{8}$$

- **분수의 곱셈으로 계산하기**

$$1\frac{2}{3} \div 4 = \frac{5}{3} \div 4 = \frac{5}{3} \times \frac{1}{4} = \frac{5}{12}$$

1 □ 안에 알맞은 수를 써넣어 $1\frac{4}{5} \div 2$를 계산해 보세요.

❶ $1\dfrac{4}{5} \div 2 = \dfrac{\boxed{}}{5} \div 2 = \dfrac{\boxed{}}{10} \div 2 = \dfrac{\boxed{} \div 2}{10} = \dfrac{\boxed{}}{10}$

❷ $1\dfrac{4}{5} \div 2 = \dfrac{\boxed{}}{5} \div 2 = \dfrac{\boxed{}}{5} \times \dfrac{1}{\boxed{}} = \dfrac{\boxed{}}{\boxed{}}$

2 분수의 나눗셈을 바르게 계산한 식에는 ○표, 잘못 계산한 식에는 ✕표 하세요.

$$1\frac{4}{9} \div 3 = \frac{13}{9} \times \frac{1}{3} = \frac{13}{27}$$ (   )

$$4\frac{5}{6} \div 5 = 4\frac{5}{6} \times \frac{1}{5} = 4\frac{1}{6}$$ (   )

3 몫을 기약분수로 나타내어 보세요.

❶ $2\dfrac{2}{5} \div 3$

❷ $3\dfrac{4}{7} \div 5$

4 잘못 계산한 곳을 찾아 바르게 계산해 보세요.

$$1\dfrac{6}{7} \div 3 = 1\dfrac{6 \div 3}{7} = 1\dfrac{2}{7}$$

(   )

5 나눗셈의 몫이 큰 것부터 순서대로 기호를 써 보세요.

㉠ $1\dfrac{4}{5} \div 9$ ㉡ $9\dfrac{4}{5} \div 7$ ㉢ $4\dfrac{2}{5} \div 2$ ㉣ $3\dfrac{1}{5} \div 8$

(   )

6 직사각형의 넓이가 $2\dfrac{7}{8}$ m²입니다. 가로의 길이가 4 m일 때, 세로의 길이는 몇 m인지 구해 보세요.

(   ) m

연습 문제

[1~8] (자연수)÷(자연수)를 계산해 보세요.

1 $1 \div 3$

2 $1 \div 9$

3 $2 \div 3$

4 $9 \div 25$

5 $4 \div 9$

6 $30 \div 7$

7 $17 \div 8$

8 $21 \div 5$

[9~16] (진분수)÷(자연수)를 계산해 보세요.

9 $\dfrac{1}{5} \div 4$

10 $\dfrac{9}{13} \div 3$

11 $\dfrac{12}{17} \div 8$

12 $\dfrac{4}{5} \div 6$

13 $\dfrac{9}{11} \div 6$

14 $\dfrac{15}{22} \div 10$

15 $\dfrac{7}{24} \div 2$

16 $\dfrac{5}{16} \div 20$

[17~24] (가분수)÷(자연수)를 계산해 보세요.

17 $\dfrac{18}{13} \div 3$

18 $\dfrac{12}{11} \div 6$

19 $\dfrac{36}{7} \div 12$

20 $\dfrac{25}{17} \div 5$

21 $\dfrac{8}{3} \div 16$

22 $\dfrac{55}{16} \div 15$

23 $\dfrac{42}{17} \div 2$

24 $\dfrac{9}{8} \div 12$

[25~32] (대분수)÷(자연수)를 계산해 보세요.

25 $2\dfrac{1}{4} \div 2$

26 $7\dfrac{2}{3} \div 6$

27 $5\dfrac{3}{7} \div 8$

28 $6\dfrac{2}{11} \div 4$

29 $8\dfrac{4}{9} \div 6$

30 $4\dfrac{7}{9} \div 7$

31 $4\dfrac{2}{5} \div 2$

32 $3\dfrac{5}{12} \div 5$

단원 평가

1 나눗셈을 그림으로 나타내고 몫을 분수로 나타내어 보세요.

❶
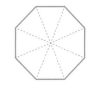 몫 $\dfrac{}{}$

$1 \div 8$

❷
$5 \div 3$
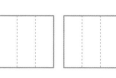
몫 $\square\dfrac{}{}$

2 수직선을 보고 □ 안에 알맞은 수를 써넣으세요.

$\dfrac{6}{7}$

0   1

$\dfrac{6}{7} \div 2 = \dfrac{\square}{\square}$

3 □ 안에 알맞은 수를 써넣으세요.

❶ $\dfrac{10}{11} \div 5 = \dfrac{10 \div \square}{11} = \dfrac{\square}{\square}$

❷ $\dfrac{21}{8} \div 7 = \dfrac{21 \div \square}{8} = \dfrac{\square}{\square}$

4 □ 안에 알맞은 수를 써넣으세요.

$$\dfrac{15}{13} \div 2 = \dfrac{15 \times \square}{13 \times 2} \div 2 = \dfrac{\square \div 2}{26} = \dfrac{\square}{26}$$

5 몫을 기약분수로 나타내어 보세요.

❶ $8 \div 15$

❷ $\dfrac{7}{12} \div 5$

❸ $\dfrac{45}{4} \div 9$

❹ $8\dfrac{2}{5} \div 7$

6 몫이 1보다 작은 분수의 나눗셈식을 모두 찾아 기호를 써 보세요.

㉠ $\dfrac{3}{5} \div 9$ ㉡ $21 \div 8$ ㉢ $7\dfrac{2}{3} \div 8$ ㉣ $\dfrac{36}{5} \div 6$

(   )

7 둘레가 $2\dfrac{1}{10}$ cm인 정삼각형이 있습니다. 이 정삼각형의 한 변의 길이는 몇 cm인지 구해 보세요.

(   ) cm

8 넓이가 11 m²인 텃밭을 똑같이 4부분으로 나눈 후 다음과 같이 고추와 호박을 심었습니다. 호박을 심은 부분의 넓이는 몇 m²인지 구해 보세요.

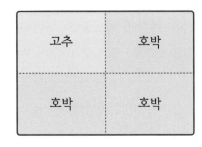

(   ) m²

실력 키우기

1 □ 안에 들어갈 수 있는 자연수는 모두 몇 개인가요?

$$\frac{\square}{6} < 5\frac{5}{6} \div 7$$

(   )개

2 어떤 수를 9로 나누어야 할 것을 잘못하여 곱했더니 36이 되었습니다. 어떤 수를 구하고 바르게 계산한 몫을 분수로 구해 보세요.

어떤 수 _____

바르게 계산한 몫 _____

3 가장 작은 수를 가장 큰 수로 나눈 몫을 구해 보세요.

$$2\frac{2}{5} \qquad 6 \qquad 4\frac{2}{9} \qquad 1\frac{7}{11}$$

(   )

4 민지와 윤주가 화단을 꾸미기로 했습니다. 각각 장미를 심은 넓이를 구하고, 장미를 심은 화단의 넓이가 더 넓은 친구는 누구인지 구해 보세요.

민지: 나는 15 m²인 화단을 똑같이 넷으로 나누어 장미, 개나리, 튤립, 국화를 심었어.
윤주: 나는 11 m²인 화단을 똑같이 셋으로 나누어 장미, 봉선화, 튤립을 심었어.

민지네 화단에 장미를 심은 넓이 (   ) m²
윤주네 화단에 장미를 심은 넓이 (   ) m²
장미를 심은 화단의 넓이가 더 넓은 친구 (   )

2. 각기둥과 각뿔

- 각기둥 알아보기

- 각기둥의 이름과 구성 요소 알아보기

- 각기둥의 전개도 알아보기

- 각기둥의 전개도 그리기

- 각뿔 알아보기

- 각뿔의 이름과 구성 요소 알아보기

각기둥 알아보기

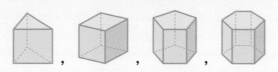

서로 평행한 두 면이 합동인 다각형으로 이루어진 입체도형을 각기둥이라고 합니다.

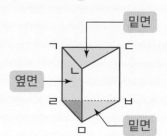

- 밑면: 면 ㄱㄴㄷ과 면 ㄹㅁㅂ과 같이 서로 평행하고 합동인 두 면으로 두 밑면은 나머지 면들과 수직으로 만납니다.
- 옆면: 면 ㄱㄹㅁㄴ, 면 ㄴㅁㅂㄷ, 면 ㄱㄹㅂㄷ과 같이 두 밑면과 만나는 면으로 각기둥의 옆면은 모두 직사각형입니다.

1 도형을 보고 물음에 답하세요.

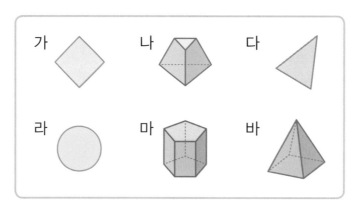

❶ 입체도형을 모두 찾아 기호를 써 보세요.

(   )

❷ 밑면이 서로 평행하고 합동이며, 옆면은 직사각형인 입체도형을 찾아 기호를 써 보세요.

(   )

2 다음 도형 중 각기둥에 모두 ○표 하세요.

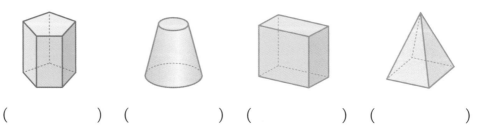

(   ) (   ) (   ) (   )

3 각기둥을 보고 □ 안에 알맞은 말을 써넣으세요.

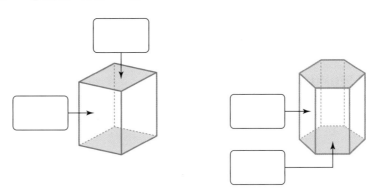

4 각기둥을 보고 물음에 답하세요.

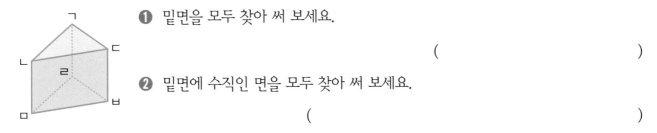

❶ 밑면을 모두 찾아 써 보세요.

(   )

❷ 밑면에 수직인 면을 모두 찾아 써 보세요.

(   )

5 각기둥에 대하여 바르게 설명한 것을 모두 찾아 기호를 써 보세요.

㉠ 각기둥의 밑면의 개수는 1개입니다.

㉡ 두 밑면은 서로 평행하고 합동입니다.

㉢ 옆면의 모양은 삼각형, 사각형, 오각형 등의 다각형입니다.

㉣ 밑면은 나머지 면들과 수직으로 만납니다.

(   )

6 겨냥도를 바르게 그린 것을 찾아 기호를 써 보세요.

가   나   다   라

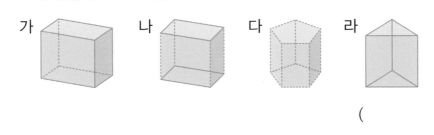

(   )

각기둥의 이름과 구성 요소 알아보기

• 각기둥의 이름 알아보기

각기둥의 밑면의 모양에 따라 삼각기둥, 사각기둥, 오각기둥……이라고 합니다.

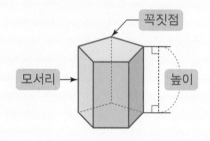

각기둥				
밑면의 모양	삼각형	사각형	오각형	육각형
각기둥의 이름	삼각기둥	사각기둥	오각기둥	육각기둥

• 각기둥의 구성 요소 알아보기

꼭짓점

모서리

높이

- 모서리: 면과 면이 만나는 선분
- 꼭짓점: 모서리와 모서리가 만나는 점
- 높이: 두 밑면 사이의 거리

1 각기둥을 보고 물음에 답하세요.

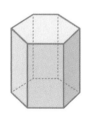

❶ 밑면은 어떤 모양인가요?

(   )

❷ 각기둥의 이름을 써 보세요.

(   )

2 □ 안에 알맞은 말을 써넣으세요.

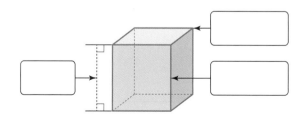

3 각기둥의 이름을 써 보세요.

❶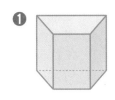

(   )

❷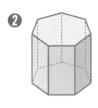

(   )

4 각기둥의 구성 요소의 수에서 규칙을 찾으려고 합니다. 물음에 답하세요.

❶ 표를 완성해 보세요.

도형	삼각기둥	사각기둥	오각기둥	육각기둥
한 밑면의 변의 수(개)	3			
면의 수(개)	5			
모서리의 수(개)	9			
꼭짓점의 수(개)	6			

❷ 규칙을 찾아 식으로 나타내어 보세요.

• (면의 수)=(한 밑면의 변의 수)+ ☐

• (모서리의 수)=(한 밑면의 변의 수)× ☐

• (꼭짓점의 수)=(한 밑면의 변의 수)× ☐

5 각기둥의 높이는 몇 cm인가요?

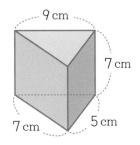

(   ) cm

각기둥의 전개도 알아보기

각기둥의 모서리를 잘라서 평면 위에 펼쳐 놓은 그림을 각기둥의 전개도라고 합니다.

서로 맞닿는 모서리의
길이는 같아야 해요.

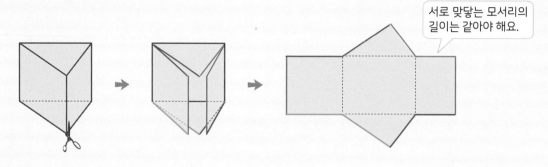

- 자른 부분은 실선, 접히는 부분은 점선으로 나타냅니다.
- 어느 모서리를 자르는가에 따라 여러 가지 모양의 전개도가 나올 수 있습니다.

1 그림과 같이 각기둥의 모서리를 잘라서 펼쳐 놓은 그림을 무엇이라고 하나요?

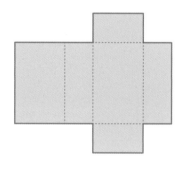

(   )

2 어떤 입체도형의 전개도인지 이름을 써 보세요.

❶
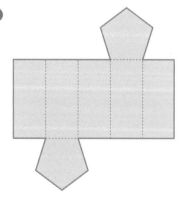

(   )

❷
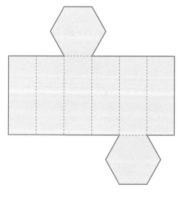

(   )

3 보기 에서 알맞은 말을 골라 □ 안에 써넣으세요.

보기 높이
밑면
옆면

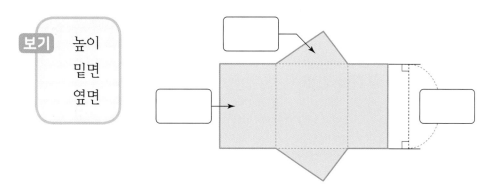

4 전개도를 보고 물음에 답하세요.

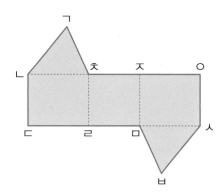

❶ 전개도를 접었을 때 선분 ㄱㄴ과 맞닿는 선분을 찾아 써 보세요.

( )

❷ 전개도를 접었을 때 면 ㅁㅂㅅ과 수직으로 만나는 면을 모두 찾아 써 보세요.

( )

5 각기둥을 만들 수 <u>없는</u> 전개도를 찾아 기호를 쓰고, 이유를 써 보세요.

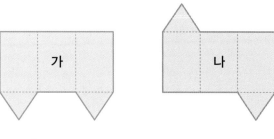

기호 ( )

이유 _____

각기둥의 전개도 그리기

• 각기둥의 전개도를 그리는 방법

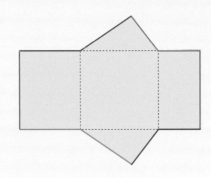

- 잘린 모서리는 실선으로, 잘리지 않은 모서리는 점선으로 그립니다.
- 두 밑면은 서로 합동이 되도록 그립니다.
- 옆면은 모두 직사각형으로 그립니다.
- 밑면의 변의 수와 옆면의 수를 같게 그립니다.
- 전개도를 접었을 때 맞닿는 선분의 길이는 같게 그립니다.

1 전개도를 완성해 보세요.

❶

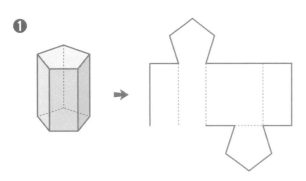

❷

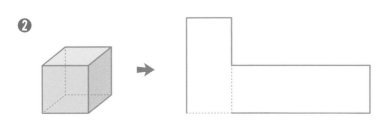

❸

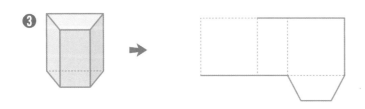

2 주어진 사각기둥의 전개도를 완성해 보세요.

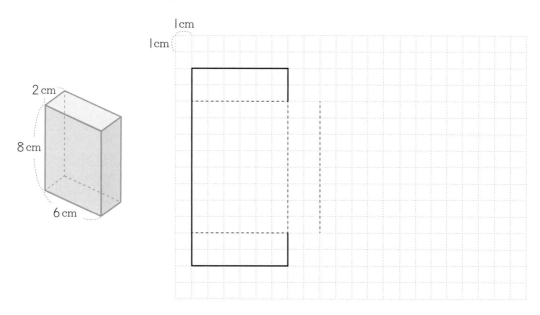

3 주어진 삼각기둥의 전개도를 2가지 방법으로 그려 보세요.

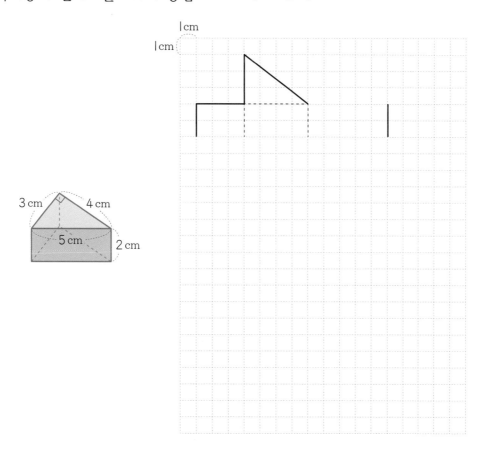

각뿔 알아보기

밑면이 다각형인 뿔 모양의 입체도형을 각뿔이라고 합니다.

- **밑면**: 면 ㄴㄷㄹㅁ과 같은 면
- **옆면**: 면 ㄱㄴㄷ, 면 ㄱㄷㄹ, 면 ㄱㄹㅁ, 면 ㄱㄴㅁ과 같이 밑면과 만나는 면으로 각뿔의 옆면은 모두 삼각형입니다.
- 각뿔의 옆면은 모두 한 점에서 만나고, 이 점과 마주 보는 면이 밑면입니다.

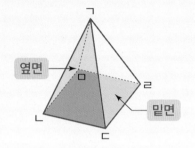

1 도형을 보고 각뿔을 모두 찾아 기호를 써 보세요.

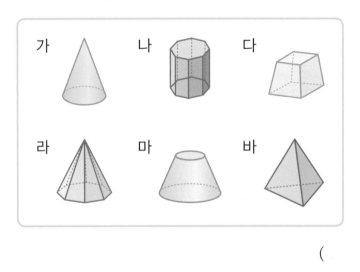

(   )

2 각뿔의 밑면은 ○표, 옆면은 △표 하세요.

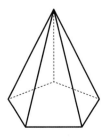

3 각뿔의 밑면이 면 ㄱㄷㄹ일 때 옆면을 모두 찾아 써 보세요.

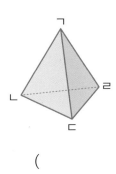

(   )

4 각뿔을 보고 바르게 설명한 것을 모두 찾아 기호를 써 보세요.

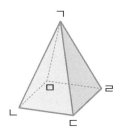

⊙ 각뿔의 밑면은 삼각형입니다.
⊙ 각뿔의 밑면은 면 ㄴㄷㄹㅁ입니다.
⊙ 각뿔의 옆면은 모두 5개입니다.
⊙ 각뿔의 옆면은 모두 점 ㄱ에서 만납니다.

(   )

5 각뿔을 보고 빈칸에 알맞은 수 또는 말을 써 보세요.

가    나   다   라

도형	밑면의 모양	옆면의 수(개)
가		
나		
다		
라		

각뿔의 이름과 구성 요소 알아보기

• 각뿔의 이름 알아보기

각뿔의 밑면의 모양에 따라 이름을 삼각뿔, 사각뿔, 오각뿔……이라고 합니다.

각뿔	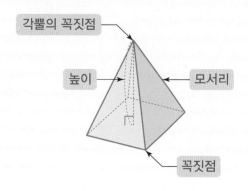			
밑면의 모양	삼각형	사각형	오각형	육각형
각뿔의 이름	삼각뿔	사각뿔	오각뿔	육각뿔

• 각뿔의 구성 요소 알아보기

각뿔의 꼭짓점
높이
모서리
꼭짓점

- 모서리: 면과 면이 만나는 선분
- 꼭짓점: 모서리와 모서리가 만나는 점
- 각뿔의 꼭짓점: 꼭짓점 중에서 옆면이 모두 만나는 점
- 높이: 각뿔의 꼭짓점에서 밑면에 수직인 선분의 길이

1 각뿔의 이름을 써 보세요.

❶
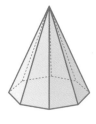

(   )

❷
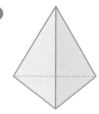

(   )

2 각뿔에 대한 설명으로 옳은 것에는 ○표, 틀린 것에는 ×표 하세요.

• 각뿔의 꼭짓점에서 밑면에 수직으로 그은 선분은 높이입니다. (   )

• 밑면은 2개입니다. (   )

• 밑면과 옆면은 수직으로 만납니다. (   )

• 옆면은 모두 삼각형입니다. (   )

3 각뿔의 구성 요소의 수에서 규칙을 찾으려고 합니다. 물음에 답하세요.

❶ 표를 완성해 보세요.

도형	삼각뿔	사각뿔	오각뿔	육각뿔
밑면의 변의 수(개)	3	4		
면의 수(개)	4			
모서리의 수(개)	6			
꼭짓점의 수(개)	4			

❷ 규칙을 찾아 식으로 나타내어 보세요.

• (면의 수)＝(밑면의 변의 수)＋□

• (모서리의 수)＝(밑면의 변의 수)×□

• (꼭짓점의 수)＝(밑면의 변의 수)＋□

4 설명하는 입체도형의 이름을 써 보세요.

> • 밑면의 변의 수는 5개입니다.
> • 면의 수는 모두 6개입니다.
> • 모서리의 수는 10개입니다.
> • 옆면의 모양은 모두 삼각형입니다.

(   )

연습 문제

[1~4] 입체도형의 이름을 써 보세요.

1

(   )

2

(   )

3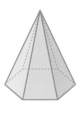

(   )

4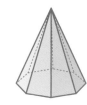

(   )

[5~8] 어떤 입체도형의 전개도인지 이름을 써 보세요.

5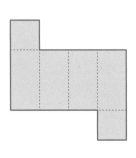

(   )

6

(   )

7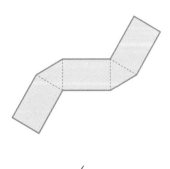

(   )

8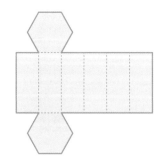

(   )

[9~12] 도형을 보고 빈칸에 알맞은 수를 써넣으세요.

9

한 밑면의 변의 수(개)	
면의 수(개)	
모서리의 수(개)	
꼭짓점의 수(개)	

10

한 밑면의 변의 수(개)	
면의 수(개)	
모서리의 수(개)	
꼭짓점의 수(개)	

11

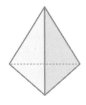

밑면의 변의 수(개)	
면의 수(개)	
모서리의 수(개)	
꼭짓점의 수(개)	

12

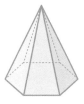

밑면의 변의 수(개)	
면의 수(개)	
모서리의 수(개)	
꼭짓점의 수(개)	

1 도형을 보고 빈칸에 알맞은 기호를 써넣으세요.

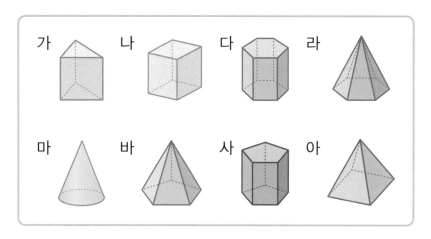

각기둥	각뿔

2 그림을 보고 □ 안에 알맞은 말을 써넣으세요.

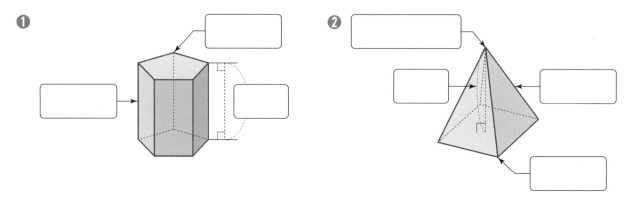

3 가에 대한 설명에는 '가', 나에 대한 설명에는 '나'라고 써넣으세요.

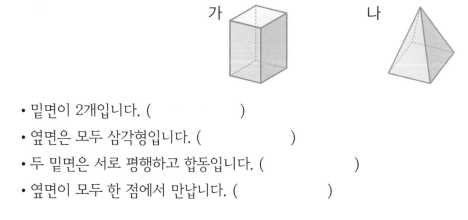

• 밑면이 2개입니다. (   )

• 옆면은 모두 삼각형입니다. (   )

• 두 밑면은 서로 평행하고 합동입니다. (   )

• 옆면이 모두 한 점에서 만납니다. (   )

4 설명하는 입체도형의 이름을 써 보세요.

> • 밑면은 1개입니다.
> • 옆면의 모양은 모두 삼각형입니다.
> • 모서리의 수는 16개입니다.
> • 밑면의 모양은 팔각형입니다.

(   )

5 각기둥의 전개도를 접었을 때, 선분 ㄱㄴ, 선분 ㅋㅊ, 선분 ㅇㅈ과 만나는 선분을 각각 써 보세요.

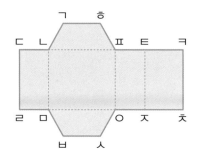

선분 ㄱㄴ	
선분 ㅋㅊ	
선분 ㅇㅈ	

6 한 변의 길이가 2 cm인 정사각형을 밑면으로 하고, 높이가 4 cm인 사각기둥의 전개도를 그려 보세요.

실력 키우기

1 전개도를 접었을 때, □ 안에 알맞은 수를 써넣으세요.

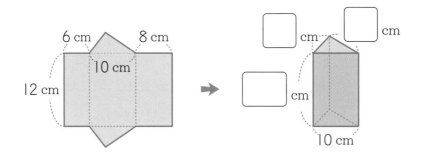

2 한 밑면의 모양이 다음과 같은 각기둥이 있습니다. ㉠+㉡+㉢은 얼마인지 구해 보세요.

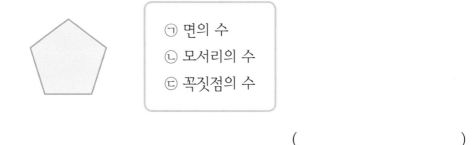

㉠ 면의 수
㉡ 모서리의 수
㉢ 꼭짓점의 수

(   )

3 밑면의 변의 수가 8개인 각뿔의 꼭짓점은 모두 몇 개인지 구해 보세요.

(   )개

4 주어진 입체도형의 전개도를 그려 보세요.

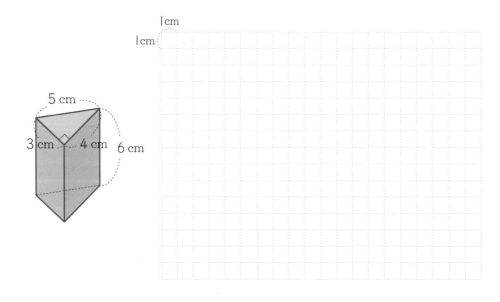

3. 소수의 나눗셈

- 자연수의 나눗셈을 이용하여 소수의 나눗셈 계산하기

- 각 자리에서 나누어떨어지지 않는 소수의 나눗셈 계산하기

- 몫이 1보다 작은 소수의 나눗셈 계산하기

- 소수점 아래 0을 내려 계산하는 소수의 나눗셈 계산하기

- 몫의 첫째 자리에 0이 있는 소수의 나눗셈 계산하기

- 몫이 소수인 (자연수)÷(자연수) 계산하기

- 어림셈을 이용하여 소수점의 위치 찾기

자연수의 나눗셈을 이용하여 소수의 나눗셈 계산하기

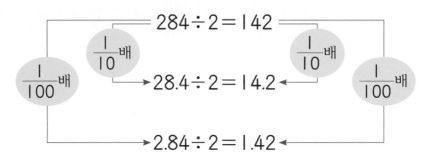

- 나누어지는 수가 $\frac{1}{10}$배 ➡ 몫도 $\frac{1}{10}$배: 몫의 소수점은 왼쪽으로 한 칸 이동합니다.

- 나누어지는 수가 $\frac{1}{100}$배 ➡ 몫도 $\frac{1}{100}$배: 몫의 소수점은 왼쪽으로 두 칸 이동합니다.

1 끈 63.9 cm를 3명에게 똑같이 나누어 주려고 합니다. 한 명이 가질 수 있는 끈의 길이는 몇 cm인지 구해 보세요.

> 1 cm=10 mm이므로 63.9 cm=639 mm입니다.
>
> $$639 \div 3 = \boxed{}$$
>
> 한 명에게 줄 수 있는 끈은 $\boxed{}$ mm이므로 $\boxed{}$ cm입니다.

2 끈 6.39 m를 3명에게 똑같이 나누어 주려고 합니다. 한 명이 가질 수 있는 끈의 길이는 몇 m인지 구해 보세요.

> 1 m=100 cm이므로 6.39 m=639 cm입니다.
>
> $$639 \div 3 = \boxed{}$$
>
> 한 명에게 줄 수 있는 끈은 $\boxed{}$ cm이므로 $\boxed{}$ m입니다.

3 자연수의 나눗셈을 이용하여 소수의 나눗셈을 계산하였습니다. □ 안에 알맞은 수를 써넣으세요.

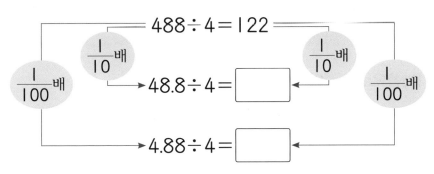

4 □ 안에 알맞은 수를 써넣으세요.

❶
$$846 \div 2 = 423$$
$$84.6 \div 2 = \boxed{}$$
$$8.46 \div 2 = \boxed{}$$

❷
$$963 \div 3 = 321$$
$$\boxed{} \div 3 = 32.1$$
$$\boxed{} \div 3 = 3.21$$

5 □ 안에 알맞은 수를 써넣으세요.

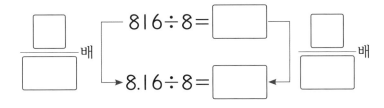

6 리본 45.55 m를 5명이 똑같이 나누어 가지려고 합니다. 한 명이 가질 수 있는 리본은 몇 m인지 구해 보세요.

(   ) m

각 자리에서 나누어떨어지지 않는 소수의 나눗셈 계산하기

- **분수의 나눗셈으로 바꾸어 계산하기**

  • 소수 한 자리 수는 분모가 10인 분수로 바꾸어 계산합니다.

  $$■.▲ ÷ ★ = \frac{■▲}{10} ÷ ★$$

  • 소수 두 자리 수는 분모가 100인 분수로 바꾸어 계산합니다.

  $$■.▲♥ ÷ ★ = \frac{■▲♥}{100} ÷ ★$$

- **자연수의 나눗셈을 이용하여 계산하기**

  나누어지는 수가 $\frac{1}{100}$배가 되면 몫도 $\frac{1}{100}$배가 됩니다.

  $$1716 ÷ 4 = 429 \qquad\qquad 17.16 ÷ 4 = 4.29$$

  (위: $\frac{1}{100}$배, 아래: $\frac{1}{100}$배)

- **세로셈으로 계산하기**

  자연수의 나눗셈과 같은 방법으로 계산하고, 같은 자리에 소수점을 찍습니다.

```
        1 1 3                    1 1.3
   5 ) 5 6 5       ➡       5 ) 5 6.5
       5                        5
       ─────                    ─────
         6                        6
         5                        5
       ─────                    ─────
         1 5                      1 5
         1 5                      1 5
       ─────                    ─────
           0                        0
```

1 □ 안에 알맞은 수를 써넣으세요.

$$7.2 ÷ 6 = \frac{\boxed{}}{10} ÷ 6 = \frac{\boxed{} ÷ 6}{10} = \frac{\boxed{}}{10} = \boxed{}$$

2 소수의 나눗셈을 분수의 나눗셈으로 바꾸어 계산하였습니다. 바르게 계산한 것의 기호를 써 보세요.

$$\bigcirc \ 21.84 \div 7 = \frac{2184}{10} \div 7 = \frac{2184 \div 7}{10} = \frac{312}{10} = 31.2$$

$$\bigcirc \ 51.6 \div 4 = \frac{516}{10} \div 4 = \frac{516 \div 4}{10} = \frac{129}{10} = 12.9$$

(   )

3 □ 안에 알맞은 수를 써넣으세요.

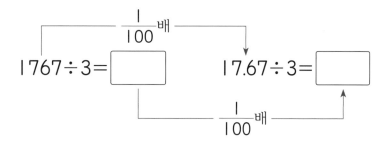

4 □ 안에 알맞은 수를 써넣으세요.

❶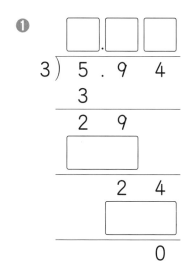

❷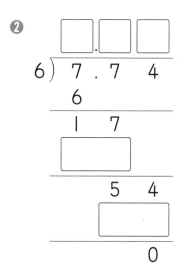

5 계산해 보세요.

❶ 17.2 ÷ 4

❷ 24.57 ÷ 7

몫이 1보다 작은 소수의 나눗셈 계산하기

(소수)<(자연수)인 경우, (소수)÷(자연수)의 몫은 1보다 작습니다.

• 분수의 나눗셈으로 바꾸어 계산하기

소수 한 자리 수는 분모가 10인 분수로, 소수 두 자리 수는 분모가 100인 분수로 바꾸어 계산합니다.

• 세로셈으로 계산하기

• 세로로 계산하고, 같은 자리에 소수점을 찍습니다.
• 자연수 부분이 비어 있으면 몫의 일의 자리에 0을 씁니다.

$$
\begin{array}{r}
0.52 \\
9\overline{)4.68} \\
45 \\
\hline
18 \\
18 \\
\hline
0 \\
\end{array}
$$

1 □ 안에 알맞은 수를 써넣으세요.

❶ $4.2÷7=\dfrac{\boxed{}}{10}÷7=\dfrac{\boxed{}÷7}{10}=\dfrac{\boxed{}}{10}=\boxed{}$

❷ $3.68÷8=\dfrac{\boxed{}}{100}÷8=\dfrac{\boxed{}÷8}{100}=\dfrac{\boxed{}}{100}=\boxed{}$

2 자연수의 나눗셈을 이용하여 소수의 나눗셈을 계산해 보세요.

❶ $216÷3=\boxed{}$ ➡ $2.16÷3=\boxed{}$

❷ $498÷6=\boxed{}$ ➡ $4.98÷6=\boxed{}$

3 □ 안에 알맞은 수를 써넣으세요.

❶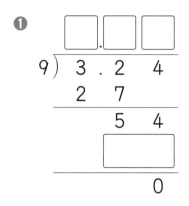

❷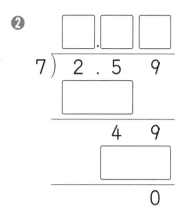

4 계산이 <u>잘못된</u> 곳을 찾아 바르게 계산해 보세요.

$$
\begin{array}{r}
4.3 \\
5\,\overline{)\,2.15} \\
2\,0 \\
\hline
1\,5 \\
1\,5 \\
\hline
0
\end{array}
$$

➡

$$
5\,\overline{)\,2.15}
$$

5 계산해 보세요.

❶ 1.56÷4

❷ 5.28÷8

6 몫이 1보다 작은 나눗셈을 모두 찾아 기호를 써 보세요.

㉠ 2.88÷2	㉡ 1.44÷3
㉢ 1.35÷5	㉣ 6.21÷3

(   )

소수점 아래 0을 내려 계산하는 소수의 나눗셈 계산하기

- **분수의 나눗셈으로 바꾸어 계산하기**

  6.1=6.10임을 이용해서 (소수)÷(자연수)를 계산합니다.

  $$6.1 \div 5 = \frac{61}{10} \div 5 = \frac{610}{100} \div 5 = \frac{610 \div 5}{100} = \frac{122}{100} = 1.22$$

- **세로셈으로 계산하기**

  계산이 끝나지 않으면 0을 내려서 나머지가 0이 될 때까지 계산합니다.

```
        1. 2 2
    5 ) 6. 1 0
        5
        1 1
        1 0
          1 0
          1 0
            0
```

1 □ 안에 알맞은 수를 써넣으세요.

❶ $5.8 \div 4 = \dfrac{\boxed{}}{10} \div 4 = \dfrac{\boxed{}}{100} \div 4 = \dfrac{\boxed{} \div 4}{100} = \dfrac{\boxed{}}{100} = \boxed{}$

❷ $6.8 \div 8 = \dfrac{\boxed{}}{10} \div 8 = \dfrac{\boxed{}}{100} \div 8 = \dfrac{\boxed{} \div 8}{100} = \dfrac{\boxed{}}{100} = \boxed{}$

2 □ 안에 알맞은 수를 써넣으세요.

$$\begin{array}{c} \quad\; 450 \div 2 = 225 \\[4pt] \frac{1}{100}\text{배} \Big[\qquad\qquad\qquad\quad \Big] \boxed{}\text{배} \\[4pt] \quad\;\; 4.5 \div 2 = \boxed{} \end{array}$$

3 □ 안에 알맞은 수를 써넣으세요.

❶
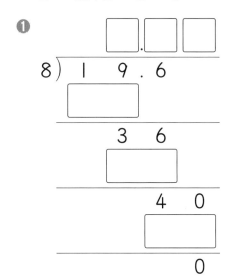

❷
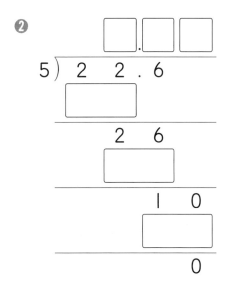

4 계산해 보세요.

❶ 1.6÷5

❷ 11.6÷8

5 계산 결과의 크기를 비교하여 ◯ 안에 >, =, <를 알맞게 써넣으세요.

❶ 6.2÷5 ◯ 5.8÷4

❷ 4.4÷8 ◯ 1.9÷2

6 둘레가 3.8 cm인 정사각형의 한 변의 길이는 몇 cm인지 구해 보세요.

(   ) cm

몫의 첫째 자리에 0이 있는 소수의 나눗셈 계산하기

- **분수의 나눗셈으로 바꾸어 계산하기**

$$6.1 \div 2 = \frac{61}{10} \div 2 = \frac{610}{100} \div 2 = \frac{610 \div 2}{100} = \frac{305}{100} = 3.05$$

- **세로셈으로 계산하기**

나누어야 할 수가 나누는 수보다 작은 경우에는 몫에 0을 쓰고 수를 하나 더 내려 계산합니다.

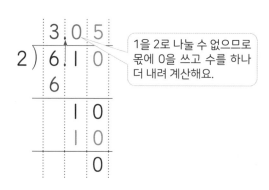

1을 2로 나눌 수 없으므로 몫에 0을 쓰고 수를 하나 더 내려 계산해요.

1 □ 안에 알맞은 수를 써넣으세요.

❶ $3.15 \div 3 = \dfrac{\boxed{}}{100} \div 3 = \dfrac{\boxed{}}{100} \div 3 = \dfrac{\boxed{}}{100} = \dfrac{\boxed{}}{100} = \boxed{}$

❷ $30.2 \div 5 = \dfrac{\boxed{}}{10} \div 5 = \dfrac{\boxed{}}{100} \div 5 = \dfrac{\boxed{} \div 5}{100} = \dfrac{\boxed{}}{100} = \boxed{}$

2 자연수의 나눗셈을 이용하여 소수의 나눗셈을 계산해 보세요.

$927 \div 3 = \boxed{}$ ➡ $9.27 \div 3 = \boxed{}$

3 8.16÷4를 바르게 계산한 것을 찾아 기호를 써 보세요.

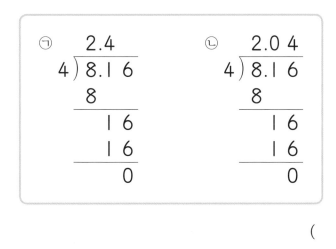

(   )

4 □ 안에 알맞은 수를 써넣으세요.

❶
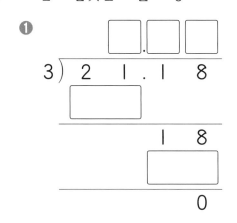

❷
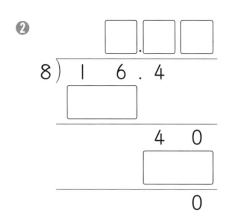

5 계산해 보세요.

❶ 8.48÷8

❷ 10.2÷5

6 나눗셈의 몫을 찾아 선으로 이어 보세요.

35.45÷5	•	•	5.05
20.35÷5	•	•	4.07
10.1÷2	•	•	7.09

몫이 소수인 (자연수)÷(자연수) 계산하기

• 몫을 분수로 나타낸 다음 소수로 나타내기

$$1 \div 4 = \frac{1}{4} = \frac{25}{100} = 0.25$$

• 세로셈으로 계산하기

나누어떨어질 때까지 나누어지는 수 오른쪽 끝자리에 0을 써서 계산합니다.

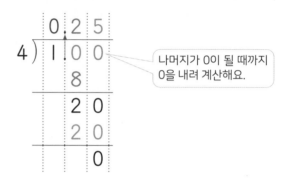

나머지가 0이 될 때까지
0을 내려 계산해요.

1 □ 안에 알맞은 수를 써넣으세요.

❶ $9 \div 4 = \dfrac{\boxed{}}{4} = \dfrac{\boxed{} \times 25}{4 \times 25} = \dfrac{\boxed{}}{100} = \boxed{}$

❷ $7 \div 5 = \dfrac{\boxed{}}{5} = \dfrac{\boxed{} \times 2}{5 \times 2} = \dfrac{\boxed{}}{10} = \boxed{}$

2 □ 안에 알맞은 수를 써넣으세요.

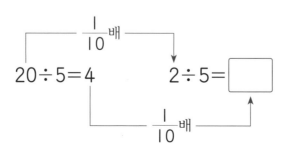

$20 \div 5 = 4 \qquad 2 \div 5 = \boxed{}$

3 보기 와 같은 방법으로 계산해 보세요.

$$보기 \quad 3 \div 2 = \frac{3}{2} = \frac{15}{10} = 1.5$$

❶ $27 \div 5$

❷ $15 \div 4$

4 □ 안에 알맞은 수를 써넣으세요.

❶

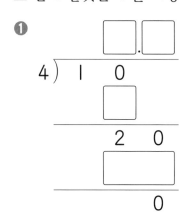

❷

5 나눗셈의 몫이 큰 순서대로 기호를 써 보세요.

㉠ $11 \div 4$ ㉡ $17 \div 5$ ㉢ $7 \div 2$

(   )

6 줄 5 m를 똑같이 나누어 4명에게 주었습니다. 한 명이 가진 줄의 길이는 몇 m인지 구해 보세요.

(   ) m

어림셈을 이용하여 소수점의 위치 찾기

• 나누어지는 수를 자연수로 반올림하여 계산하기

나눗셈의 소수를 자연수로 어림하여 계산한 후 어림한 결과와 비교하여 실제 계산한 결과의 소수점의 위치가 바른지 확인할 수 있습니다.

$$31.8 \div 4$$

어림 $32 \div 4 \Rightarrow$ 약 8
몫 $31.8 \div 4 = 7.95$

1 $17.55 \div 9$를 어림을 사용하여 계산하려고 합니다. 물음에 답하세요.

❶ □ 안에 알맞은 수를 써넣으세요.

17.55를 소수 첫째 자리에서 반올림하면 □ 입니다.

$17.55 \div 9$를 어림한 식으로 나타내면 □ $\div 9 =$ □ 입니다.

❷ 어림셈을 바르게 계산한 식에 ○표 하세요.

$17.55 \div 9 = 0.195$ (　　　)
$17.55 \div 9 = 1.95$ (　　　)
$17.55 \div 9 = 19.5$ (　　　)

2 보기 와 같이 소수를 소수 첫째 자리에서 반올림하여 어림한 식으로 나타내어 보세요.

보기 $2.8 \div 3 \Rightarrow 3 \div 3$

❶ $20.65 \div 7 \Rightarrow ($ 　　　　　　 $)$ ❷ $12.15 \div 4 \Rightarrow ($ 　　　　　　 $)$

3 어림셈하여 몫의 소수점의 위치를 찾아 표시해 보세요.

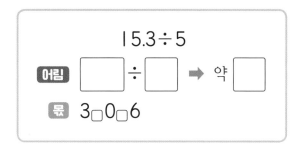

15.3÷5

어림 [ ] ÷ [ ] ➡ 약 [ ]

몫 3□0□6

4 어림셈하여 몫의 소수점의 위치가 올바른 식을 찾아 ○표 하세요.

❶
13.5÷6=225
13.5÷6=22.5
13.5÷6=2.25
13.5÷6=0.225

❷
15.96÷4=399
15.96÷4=39.9
15.96÷4=3.99
15.96÷4=0.399

5 어림셈하여 몫이 1보다 작은 나눗셈을 모두 찾아 기호를 써 보세요.

㉠ 8.46÷2   ㉡ 18.24÷6   ㉢ 3÷4
㉣ 2.7÷5   ㉤ 10.8÷6   ㉥ 1.35÷9

(   )

6 어림셈하여 몫의 소수점의 위치를 찾아 선으로 이어 보세요.

9.24÷7   •   •   132

92.4÷7   •   •   1.32

924÷7   •   •   13.2

연습 문제

[1~4] 자연수의 나눗셈을 이용하여 소수의 나눗셈을 해 보세요.

1

$924 \div 4 = 231$

$92.4 \div 4 = \boxed{}$

$9.24 \div 4 = \boxed{}$

2

$936 \div 3 = 312$

$93.6 \div 3 = \boxed{}$

$9.36 \div 3 = \boxed{}$

3

$426 \div 2 = \boxed{}$

$42.6 \div 2 = \boxed{}$

$4.26 \div 2 = \boxed{}$

4

$952 \div 4 = \boxed{}$

$95.2 \div 4 = \boxed{}$

$9.52 \div 4 = \boxed{}$

[5~9] □ 안에 알맞은 수를 써넣으세요.

5 $4.8 \div 3 = \dfrac{\boxed{}}{10} \div 3 = \dfrac{\boxed{} \div 3}{10} = \dfrac{\boxed{}}{10} = \boxed{}$

6 $7.55 \div 5 = \dfrac{\boxed{}}{100} \div 5 = \dfrac{\boxed{} \div 5}{100} = \dfrac{\boxed{}}{100} = \boxed{}$

7 $18.2 \div 4 = \dfrac{\boxed{}}{10} \div 4 = \dfrac{\boxed{}}{100} \div 4 = \dfrac{\boxed{} \div 4}{100} = \dfrac{\boxed{}}{100} = \boxed{}$

8 $18.36 \div 9 = \dfrac{\boxed{}}{100} \div 9 = \dfrac{\boxed{} \div 9}{100} = \dfrac{\boxed{}}{100} = \boxed{}$

9 $3 \div 4 = \dfrac{\boxed{}}{4} = \dfrac{\boxed{} \times 25}{4 \times 25} = \dfrac{\boxed{}}{100} = \boxed{}$

[10~15] 계산해 보세요.

10
$$4\,\overline{)\,3\,6.4}$$

11
$$4\,\overline{)\,3.0\,4}$$

12
$$6\,\overline{)\,1.5}$$

13
$$3\,\overline{)\,6.2\,4}$$

14
$$8\,\overline{)\,8.4}$$

15
$$4\,\overline{)\,1\,5}$$

16 어림셈하여 몫의 소수점의 위치를 찾아 표시해 보세요.

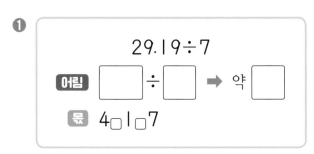

❶
29.19÷7

어림 ☐ ÷ ☐ ➡ 약 ☐

몫 4☐1☐7

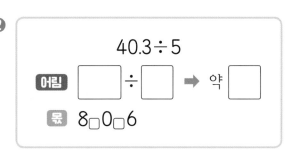

❷
40.3÷5

어림 ☐ ÷ ☐ ➡ 약 ☐

몫 8☐0☐6

단원 평가

1 □ 안에 알맞은 수를 써넣으세요.

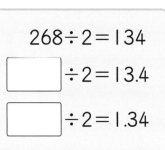

❶
$$268 \div 2 = 134$$
$$\boxed{} \div 2 = 13.4$$
$$\boxed{} \div 2 = 1.34$$

❷
$$715 \div 5 = 143$$
$$71.5 \div 5 = \boxed{}$$
$$7.15 \div 5 = \boxed{}$$

2 계산해 보세요.

❶
$$5 \overline{)\, 9.6\,5}$$

❷
$$3 \overline{)\, 1\,6.4\,7}$$

3 □ 안에 알맞은 수를 써넣으세요.

❶ $2.28 \div 4 = \dfrac{\boxed{}}{100} \div 4 = \dfrac{\boxed{} \div \boxed{}}{100} = \dfrac{\boxed{}}{100} = \boxed{}$

❷ $4.5 \div 6 = \dfrac{\boxed{}}{10} \div 6 = \dfrac{\boxed{}}{100} \div 6 = \dfrac{\boxed{} \div 6}{100} = \dfrac{\boxed{}}{100} = \boxed{}$

4 자연수의 나눗셈을 이용하여 소수의 나눗셈을 계산해 보세요.

$$280 \div 8 = \boxed{}$$ $$2.8 \div 8 = \boxed{}$$

5 계산이 잘못된 곳을 찾아 바르게 계산해 보세요.

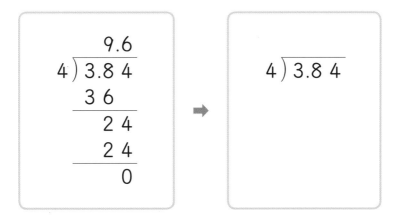

6 나눗셈의 몫이 큰 순서대로 기호를 써 보세요.

> ⊙ 5.45÷5   ⓒ 4.2÷4   ⓒ 12.36÷6

(   )

7 어림셈하여 몫의 소수점의 위치를 찾아 표시해 보세요.

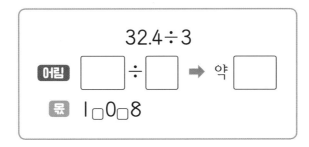

8 물 2 L짜리 3병과 1.5 L짜리 3병을 모두 합친 뒤 물통 6개에 똑같이 나누어 담으려고 합니다. 물통 한 개에 담을 수 있는 물은 몇 L인지 구해 보세요.

(   ) L

9 가로가 5 cm인 직사각형의 넓이가 17 cm²일 때 세로는 몇 cm인지 구해 보세요.

(   ) cm

실력 키우기

1 평행사변형의 넓이가 12.24 cm²일 때, 높이는 몇 cm인가요?

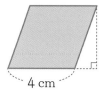

─ 4 cm ─

(   ) cm

2 0부터 9까지의 수 중에서 □ 안에 들어갈 수 있는 수를 모두 써 보세요.

$$73.8 \div 6 < 12.\square < 38.1 \div 3$$

(   )

3 수 카드를 보고 물음에 답하세요.

[8] [4] [1] [3] [6]

❶ 수 카드 중 2장을 골라 가장 큰 소수 한 자리 수를 만들고, 5로 나눈 몫을 구해 보세요.

가장 큰 소수 한 자리 수 (   ), **몫** (   )

❷ 수 카드 중 2장을 골라 가장 작은 소수 한 자리 수를 만들고, 2로 나눈 몫을 구해 보세요.

가장 작은 소수 한 자리 수 (   ), **몫** (   )

4 무게가 같은 오렌지 5개가 들어 있는 바구니의 무게가 1.27 kg입니다. 빈 바구니의 무게는 0.2 kg일 때, 오렌지 한 개의 무게는 몇 kg인지 풀이 과정을 쓰고 답을 구해 보세요.

풀이 _____

_____

답 _____ kg

4. 비와 비율

- 두 수 비교하기

- 비 알기

- 비율 알기

- 비율이 사용되는 경우 알아보기

- 백분율 알아보기

- 백분율이 사용되는 경우 알아보기

두 수 비교하기

• 두 양의 크기 비교하기

• 뺄셈으로 비교하기

(검은색 바둑돌 수)−(흰색 바둑돌 수)

=9−3=6

➡ 검은색 바둑돌은 흰색 바둑돌보다 6개 더 많습니다.

• 나눗셈으로 비교하기

(검은색 바둑돌 수)÷(흰색 바둑돌 수)

=9÷3=3

➡ 검은색 바둑돌 수는 흰색 바둑돌 수의 3배입니다.

• 변하는 두 양의 관계 알아보기

모둠 수	1	2	3	4	5
모둠원 수(명)	4	8	12	16	20
사탕 수(개)	8	16	24	32	40

• 나눗셈으로 비교하기

(사탕 수)÷(모둠원 수)=2, (모둠원 수)÷(사탕 수)=$\frac{1}{2}$

> 뺄셈으로 비교하면 수의 관계가 변하고 나눗셈으로 비교하면 수의 관계가 변하지 않아요.

➡ 사탕 수는 모둠원 수의 2배, 모둠원 수는 사탕 수의 $\frac{1}{2}$배입니다.

1 연필 수와 지우개 수를 비교하려고 합니다. 그림을 보고 물음에 답하세요.

❶ 뺄셈을 이용하여 비교해 보세요.

$\boxed{}$ − $\boxed{}$ = $\boxed{}$ ➡ 연필은 지우개보다 $\boxed{}$개 더 많습니다.

❷ 나눗셈을 이용하여 비교해 보세요.

$\boxed{}$ ÷ $\boxed{}$ = $\boxed{}$ ➡ 연필의 수는 지우개 수의 $\boxed{}$배입니다.

2 책상 4개와 의자 16개가 있습니다. 책상 수와 의자 수를 나눗셈으로 바르게 비교한 것의 기호를 써 보세요.

> ㉠ 의자는 책상보다 12개 더 많습니다.
>
> ㉡ 책상 수는 의자 수의 $\dfrac{1}{4}$배입니다.

(   )

3 누나는 올해 14살이고, 동생은 올해 10살입니다. 물음에 답하세요.

❶ 표를 완성해 보세요.

	1년 후	2년 후	3년 후	4년 후	5년 후
누나의 나이(살)	15	16			
동생의 나이(살)	11				

❷ 5년 후 누나는 동생보다 몇 살 더 많은지 비교해 보세요.

5년 후 누나는 동생보다 ☐ 살 더 많습니다.

❸ 누나와 동생의 나이의 관계를 알아볼 때, 알맞은 말에 ◯표 하세요.

> 누나와 동생의 나이의 관계를 비교하기 위하여 (뺄셈, 나눗셈)으로 비교했습니다.

4 학생 한 명당 음료수는 2개씩, 과자는 4개씩 나누어 주려고 합니다. 표를 완성하고 학생들에게 나누어 준 음료수가 28개일 때 과자는 몇 개 나누어 주었는지 구해 보세요.

학생 수(명)	1	2	3	4	5
음료수 수(개)	2	4		8	
과자 수(개)	4		12		

(   )개

비 알기

비: 두 수를 나눗셈으로 비교하기 위해 기호 : 을 사용하여 나타낸 것

두 수 3과 2의 비교

쓰기	읽기
3 : 2	3 대 2
	3과 2의 비
	3의 2에 대한 비
	2에 대한 3의 비

> 3 : 2와 2 : 3은 서로 다른 비예요.

3 : 2에서 : 의 오른쪽에 있는 수가 기준이므로 3(비교하는 양) : 2(기준량)입니다.

1 ☐ 안에 알맞게 써넣으세요.

두 수를 나눗셈으로 비교하기 위해 기호 : 을 사용하여 나타낸 것을 ☐ (이)라고 합니다.

두 수 3과 5를 비교할 때, ☐ (이)라 쓰고 3 대 5라고 읽습니다.

2 ☐ 안에 알맞은 수를 써넣으세요.

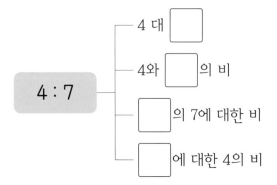

4 : 7

4 대 ☐

4와 ☐ 의 비

☐ 의 7에 대한 비

☐ 에 대한 4의 비

3 그림을 보고 지우개 수와 연필 수의 비를 바르게 나타낸 것에 ○표 하세요.

2 : 5   5 : 2

(   )   (   )

4 관계있는 것끼리 선으로 이어 보세요.

3 : 8 •   • 5 대 4

5 : 4 •   • 1과 2의 비

1 : 2 •   • 8에 대한 3의 비

5 그림을 보고 전체에 대한 색칠한 부분의 비를 써넣으세요.

❶ ➡ ☐ : ☐   ❷ ➡ ☐ : ☐

6 그림을 보고 다음을 비로 나타내어 보세요.

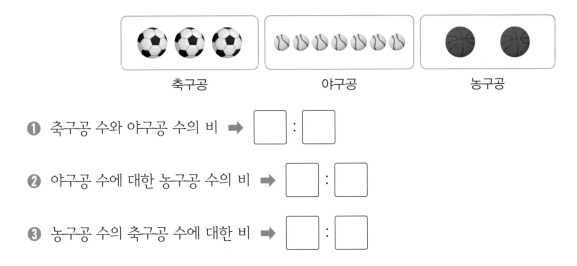

축구공   야구공   농구공

❶ 축구공 수와 야구공 수의 비 ➡ ☐ : ☐

❷ 야구공 수에 대한 농구공 수의 비 ➡ ☐ : ☐

❸ 농구공 수의 축구공 수에 대한 비 ➡ ☐ : ☐

비율 알기

비율: 기준량에 대한 비교하는 양의 크기

$$(비율) = (비교하는\ 양) \div (기준량) = \frac{(비교하는\ 양)}{(기준량)}$$

$\underline{5} : \underline{10}$을 비율로 나타내면 $\frac{5}{10} = \frac{1}{2}$ 또는 0.5입니다.
(비교하는 양) (기준량)

1 비교하는 양과 기준량을 찾아 쓰고 비율을 구해 보세요.

비	비교하는 양	기준량	비율(분수)	비율(소수)
3 : 5				
11 : 4				

2 주어진 비의 비율을 분수로 나타내어 보세요.

❶ 3과 8의 비 ➡ [   ]

❷ 7에 대한 1의 비 ➡ [   ]

3 주어진 비의 비율을 소수로 나타내어 보세요.

❶ 10의 20에 대한 비 ➡ [   ]

❷ 3 대 4 ➡ [   ]

4 기준량을 나타내는 수가 다른 하나를 찾아 기호를 써 보세요.

> ㉠ 3 : 5   ㉡ 5에 대한 2의 비
>
> ㉢ 4와 5의 비   ㉣ 5의 8에 대한 비

(   )

5 두 직사각형을 보고 물음에 답하세요.

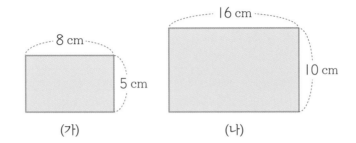

(가)   (나)

❶ 표를 완성해 보세요.

	세로에 대한 가로의 비	비율(분수)	비율(소수)
(가)	8 : 5		
(나)			

❷ 두 직사각형의 비율에 대하여 바르게 설명한 것에 ◯표 하세요.

> 두 직사각형의 세로에 대한 가로의 비는 (같습니다, 다릅니다).

6 동전 한 개를 20번 던져서 나온 면을 표로 나타낸 것입니다. 동전을 던진 횟수에 대한 숫자 면이 나온 횟수의 비율을 분수와 소수로 각각 나타내어 보세요.

1회	2회	3회	4회	5회	6회	7회	8회	9회	10회
숫자	그림	숫자	숫자	그림	숫자	그림	숫자	숫자	숫자

11회	12회	13회	14회	15회	16회	17회	18회	19회	20회
그림	그림	그림	숫자	숫자	그림	그림	숫자	그림	숫자

분수 (   ), 소수 (   )

비율이 사용되는 경우 알아보기

• **시간에 대한 거리의 비율 구하기**

기준량은 걸린 시간, 비교하는 양은 간 거리입니다.

$$(\text{시간에 대한 거리의 비율})=\frac{(\text{간 거리})}{(\text{걸린 시간})}$$

• **넓이에 대한 인구의 비율 구하기**

기준량은 넓이, 비교하는 양은 인구입니다.

$$(\text{넓이에 대한 인구의 비율})=\frac{(\text{인구})}{(\text{넓이})}$$

• **흰색 물감 양에 대한 검은색 물감 양의 비율 구하기**

기준량은 흰색 물감 양, 비교하는 양은 검은색 물감 양입니다.

$$(\text{흰색 물감 양에 대한 검은색 물감 양의 비율})=\frac{(\text{검은색 물감 양})}{(\text{흰색 물감 양})}$$

1 자동차로 150 km를 가는 데 2시간이 걸렸습니다. 물음에 답하세요.

❶ 알맞은 말에 ◯표 하세요.

> 걸린 시간에 대한 간 거리의 비율을 구할 때, 기준량은 (간 거리, 걸린 시간)이고, 비교하는
> 양은 (간 거리, 걸린 시간)입니다.

❷ 걸린 시간에 대한 간 거리의 비율을 구해 보세요.

(   )

2 새로운 색을 만들기 위해 지유는 흰색 물감 60 g과 빨간색 물감 15 g을 섞었고, 호연이는 흰색 물감 50 g과 빨간색 물감 10 g을 섞었습니다. 물음에 답하세요.

❶ 지유와 호연이가 섞은 흰색 물감 양에 대한 빨간색 물감 양의 비율을 소수로 각각 나타내어 보세요.

지유 ( )

호연 ( )

❷ 누가 섞은 색이 더 진한가요?

( )

3 세 마을의 인구와 넓이를 조사한 표입니다. 물음에 답하세요.

마을	들국화 마을	개나리 마을	진달래 마을
인구(명)	8200	4500	6000
넓이(km²)	20	10	15

❶ 각 마을별 넓이에 대한 인구의 비율은 얼마인지 구해 보세요.

들국화 마을 ( )

개나리 마을 ( )

진달래 마을 ( )

❷ 세 마을 중 인구가 가장 밀집한 마을은 어느 마을인가요?

( )

4 물에 꿀 50 mL를 넣어 꿀물 200 mL를 만들었습니다. 꿀물을 만드는 데 사용한 물의 양에 대한 꿀 양의 비율을 구해 보세요.

( )

백분율 알아보기

- 백분율: 기준량을 100으로 할 때의 비율로 기호 %를 사용하여 나타냅니다.

- 비율 $\dfrac{25}{100}$ 를 25 %라 쓰고 25 퍼센트라고 읽습니다.

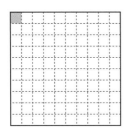 $\dfrac{1}{100}=1\,\%$

$\dfrac{25}{100}=25\,\%$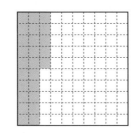

- 비율을 백분율로 나타내기: **방법 1** 기준량이 100인 비율로 나타내어 구합니다.

　　　　　　　　　　　　　　방법 2 비율에 100을 곱해서 나온 값에 기호 %를 붙입니다.

1 □ 안에 알맞게 써넣으세요.

기준량을 　　　　 으로 할 때의 비율을 백분율이라고 합니다.

백분율은 기호 　　 을/를 사용하여 나타내며 　　　　　 (이)라고 읽습니다.

2 그림을 보고 전체에 대한 색칠한 부분의 비율을 백분율로 나타내어 보세요.

 ❶ 　　　 %

 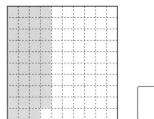 ❷ 　　　 %

3 □ 안에 알맞게 써넣으세요.

비율 $\dfrac{2}{25}$ 를 백분율로 나타내려면 $\dfrac{2}{25}$ 에 　　　 을/를 곱해서 나온 　　 에 기호 %를 붙여 나타냅니다.

4 그림을 보고 전체에 대한 색칠한 부분의 비율을 백분율로 나타내어 보세요.

❶

　　　 ⬚ %

❷

　　　 ⬚ %

5 빈칸에 알맞은 수를 써넣어 표를 완성해 보세요.

비	비율(분수)	비율(소수)	백분율(%)
3 : 5	$\dfrac{3}{5}$	0.6	
13 : 25			

6 □ 안에 알맞은 수를 써넣으세요.

❶ $\dfrac{11}{20} \times 100 =$ ⬚ ➡ ⬚ %

❷ $\dfrac{3}{4} \times$ ⬚ $=$ ⬚ ➡ ⬚ %

7 비율을 백분율로 나타내어 보세요.

❶ $\dfrac{1}{10}$ ➡ ⬚ %　　　　❷ $\dfrac{19}{50}$ ➡ ⬚ %

❸ 0.3 ➡ ⬚ %　　　　❹ 0.41 ➡ ⬚ %

백분율이 사용되는 경우 알아보기

• **할인율 계산하기**

원래 가격이 1000원이고 할인 금액이 300원일 때 $\dfrac{300}{1000} \times 100 = 30$ (%)입니다.

• **득표율 계산하기**

전체 투표수가 500표이고 A 후보의 득표수가 200표일 때 $\dfrac{200}{500} \times 100 = 40$ (%)입니다.

• **용액의 진하기 계산하기**

설탕 15 g을 녹여 설탕물 150 g을 만들었을 때 $\dfrac{15}{150} \times 100 = 10$ (%)입니다.

1 현지가 놀이공원에 갔습니다. 놀이공원의 입장료는 10000원인데 현지는 할인권을 이용하여 7000원에 입장했습니다. 물음에 답하세요.

❶ 입장료의 할인 금액을 구해 보세요.

$$(\text{할인 금액}) = 10000 - \boxed{} = \boxed{} (\text{원})$$

❷ 입장료의 할인율을 구해 보세요.

$$\dfrac{\boxed{}}{10000} \times 100 = \boxed{} (\%)$$

2 대표를 뽑는 선거에서 현수네 반 25명이 투표하여 현수는 13표를 얻었습니다. 현수의 득표율은 몇 %인가요?

(   ) %

3 체육 시간에 농구 연습을 하였습니다. 하진이와 동연이 중 누구의 성공률이 더 높은지 구해 보세요.

> 하진: 나는 25번을 던져 16번을 성공하였어.
> 동연: 나는 40번을 던져 22번을 성공하였어.

하진이의 성공률은 ☐ %, 동연이의 성공률은 ☐ %이므로

성공률이 더 높은 사람은 ☐ 입니다.

4 어느 마트에서 정가가 3200원인 과자를 2400원에 팔고, 정가가 2500원인 음료수를 2050원에 팔고 있습니다. 물음에 답하세요.

❶ 과자의 할인율은 몇 %인가요?

(   ) %

❷ 음료수의 할인율은 몇 %인가요?

(   ) %

❸ 과자와 음료수 중 할인율이 더 높은 것은 무엇인가요?

(   )

5 다음과 같은 소금물을 만들었습니다. 어느 컵에 있는 소금물이 더 연한지 기호를 써 보세요.

> ㉮ 컵: 소금 60 g을 넣어 소금물 400 g을 만들었습니다.
> ㉯ 컵: 소금 35 g을 넣어 소금물 250 g을 만들었습니다.

(   )컵

연습 문제

1 □ 안에 알맞은 수를 써넣으세요.

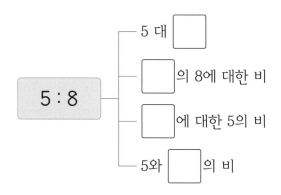

```
               ┌─ 5 대 □
               │
               ├─ □ 의 8에 대한 비
     5 : 8 ─────┤
               ├─ □ 에 대한 5의 비
               │
               └─ 5와 □ 의 비
```

[2~3] 그림을 보고 빈칸에 알맞게 써넣으세요.

2

사과 수와 오렌지 수의 비	
오렌지 수와 사과 수의 비	

3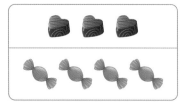

초콜릿 수의 사탕 수에 대한 비	
초콜릿 수에 대한 사탕 수의 비	

[4~5] 다음 비율을 구해 보세요.

4
남학생 수: 25명
여학생 수: 21명

남학생 수에 대한 여학생 수의 비율 ➡ $\dfrac{}{}$

5
흰색 물감: 15 g
검은색 물감: 8 g

흰색 물감 양에 대한 검은색 물감 양의 비율 ➡ $\dfrac{}{}$

[6~7] 그림을 보고 전체에 대한 색칠한 부분의 비를 써 보세요.

6

$\boxed{}$: $\boxed{}$

7

$\boxed{}$: $\boxed{}$

[8~9] 비교하는 양과 기준량을 찾고, 비율을 구해 보세요.

8

$\boxed{4 \text{ 대 } 25}$ ➡ 비교하는 양: $\boxed{}$, 기준량: $\boxed{}$

➡ 비율(분수): $\dfrac{\boxed{}}{\boxed{}}$, 비율(소수): $\boxed{}$

9

$\boxed{3\text{의 }10\text{에 대한 비}}$ ➡ 비교하는 양: $\boxed{}$, 기준량: $\boxed{}$

➡ 비율(분수): $\dfrac{\boxed{}}{\boxed{}}$, 비율(소수): $\boxed{}$

[10~13] 다음 비율을 백분율로 나타내어 보세요.

10
$\boxed{0.58}$ ➡ $\boxed{}$ %

11
$\boxed{0.06}$ ➡ $\boxed{}$ %

12
$\boxed{\dfrac{27}{50}}$ ➡ $\boxed{}$ %

13
$\boxed{\dfrac{13}{25}}$ ➡ $\boxed{}$ %

단원 평가

1 여학생 4명, 남학생 2명으로 조를 짜려고 합니다. 여학생 수와 남학생 수를 바르게 비교한 것을 찾아 기호를 써 보세요.

> ㉠ 여학생 수는 남학생 수의 2배입니다.
>
> ㉡ 여학생 수는 남학생보다 2명 더 적습니다.
>
> ㉢ 여학생 수는 남학생 수의 $\frac{1}{2}$배입니다.

(   )

2 다음 비에서 기준량은 얼마인가요?

$$7:13$$

(   )

3 비율을 분수와 소수로 나타내어 보세요.

> 15에 대한 6의 비

분수 (   ), 소수 (   )

4 비율이 가장 작은 것부터 순서대로 기호를 써 보세요.

> ㉠ 10에 대한 3의 비
>
> ㉡ 4와 25의 비
>
> ㉢ 1의 5에 대한 비

(   )

5 흰색 물감 50 mL와 파란색 물감 15 mL를 섞어 하늘색 물감을 만들었습니다. 흰색 물감 양에 대한 파란색 물감 양의 비율을 소수로 나타내어 보세요.

(   )

6 고속버스는 300 km를 가는 데 4시간이 걸렸고, 우등버스는 200 km를 가는 데 3시간이 걸렸습니다. 두 버스 중 어느 버스가 더 빠른가요?

(   )

7 관계있는 것끼리 선으로 이어 보세요.

3의 20에 대한 비	•	•	$\dfrac{7}{5}$	•	•	15 %
25에 대한 6의 비	•	•	$\dfrac{3}{20}$	•	•	24 %
7과 5의 비	•	•	$\dfrac{6}{25}$	•	•	140 %

8 정우가 푼 수학 문제는 모두 25문제입니다. 그중 23문제를 맞혔다면 정우가 틀린 문제 수의 전체 문제 수에 대한 백분율은 몇 %인지 구해 보세요.

(   ) %

실력 키우기

1 자전거를 타고 50 km를 가는 데 2시간이 걸렸습니다. 자전거를 타고 가는 데 걸린 시간에 대한 간 거리의 비율을 구해 보세요.

(   )

2 은행에 돈을 10000원 예금하여 한 달 후에 이자로 300원을 받았습니다. 이 은행의 월 이자율은 몇 %인가요?

(   ) %

3 장난감 가게에서 정가가 15000원인 장난감을 할인하여 12000원에 판매하고 있습니다. 장난감의 할인율은 몇 %인가요?

(   ) %

4 총 좌석 수가 200석인 영화관에 144명이 영화를 보러 왔습니다. *좌석 점유율은 몇 %인지 구해 보세요. *좌석 점유율은 전체 좌석 수에 대한 영화를 보러 온 관객 수의 비율을 뜻합니다.

(   ) %

5 어느 그릇 공장에서 그릇 200개를 생산하였습니다. 그중에서 5 %가 불량품일 때 불량품인 그릇은 몇 개인가요?

(   )개

5. 여러 가지 그래프

- 그림그래프로 나타내기

- 띠그래프 알아보기

- 띠그래프로 나타내기

- 원그래프 알아보기

- 원그래프로 나타내기

- 그래프 해석하기

- 여러 가지 그래프 비교하기

그림그래프로 나타내기

그림그래프: 조사한 수를 그림으로 나타낸 그래프

• 표로 나타내면 정확한 수치를 알 수 있지만, 그림그래프는 그림의 크기로 나타내므로 수량의 많고 적음을 쉽게 알 수 있습니다.

• 복잡한 자료를 간단하게 보여 줍니다.

• 그림그래프에서 큰 단위를 나타내는 그림의 수가 많을수록 자료 값이 큰 것입니다.

1 어느 마을 과수원별 사과 생산량을 조사하여 나타낸 그림그래프입니다. 그림그래프를 보고 ☐ 안에 알맞게 써넣으세요.

과수원별 사과 생산량

과수원	사과 생산량(kg)
빨강 과수원	🍎🍎🍎🍎🍎
주황 과수원	🍎🍎🍎🍎🍎🍎
초록 과수원	🍎🍎🍎🍎🍎🍎🍎

🍎 1000 kg
🍎 100 kg

❶ 🍎은 ☐ kg, 🍎은 ☐ kg을 나타냅니다.

❷ 빨강 과수원의 사과 생산량은 🍎 3개, 🍎 2개이므로 ☐ kg입니다.

❸ 주황 과수원의 사과 생산량은 ☐ kg입니다.

❹ 초록 과수원의 사과 생산량은 ☐ kg입니다.

❺ 사과 생산량이 가장 많은 과수원은 ☐ 과수원이고, 가장 적은 과수원은 ☐ 과수원입니다.

2 소희네 마을의 도서관별 책 수를 조사한 표를 보고 그림그래프로 나타내어 보세요.

도서관별 책 수

도서관	가	나	다	라
책 수(권)	4500	1800	6000	2300

도서관별 책 수

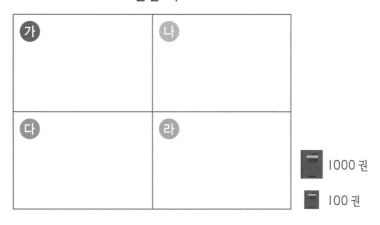

3 도시별 연간 관광객 수를 나타낸 그림그래프입니다. 물음에 답하세요.

도시별 연간 관광객 수

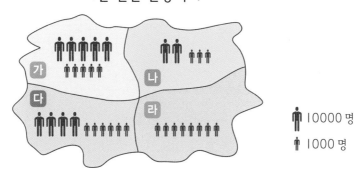

❶ 그림그래프에 대한 설명 중 바른 것에는 ○표, 틀린 것에는 ✕표 하세요.

• 연간 관광객이 가장 많은 도시는 가 도시입니다. (   )

• 연간 관광객이 가장 적은 도시는 나 도시입니다. (   )

• 다 도시의 연간 관광객 수는 나 도시의 연간 관광객 수의 2배입니다. (   )

• 네 도시 모두 연간 관광객 수가 10000명이 넘습니다. (   )

❷ 그림그래프로 나타내면 어떤 점이 좋은지 써 보세요.

띠그래프 알아보기

띠그래프: 전체에 대한 각 부분의 비율을 띠 모양에 나타낸 그래프

• 띠그래프에 표시된 눈금은 백분율을 나타냅니다.

• 띠그래프는 전체에 대한 각 부분의 비율을 한눈에 알아보기 쉽습니다.

과목별 좋아하는 학생 수

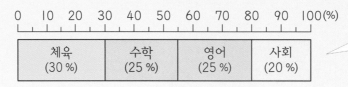

좋아하는 학생 수가
가장 많은 과목은
체육이에요.

1 동규네 반 학생들이 배우고 싶은 운동을 조사하여 나타낸 표입니다. 물음에 답하세요.

배우고 싶은 운동별 학생 수

운동	야구	축구	탁구	농구	합계
학생 수(명)	3	7	4	6	20

❶ 전체 학생 수에 대한 배우고 싶은 운동별 학생 수의 백분율을 구하려고 합니다. ☐ 안에 알맞은 수를 써넣으세요.

야구: $\dfrac{3}{20} \times 100 = 15$ (%)　　　　축구: $\dfrac{7}{20} \times 100 = \boxed{}$ (%)

탁구: $\dfrac{\boxed{}}{20} \times 100 = \boxed{}$ (%)　　　　농구: $\dfrac{\boxed{}}{20} \times 100 = \boxed{}$ (%)

❷ 다음 그림과 같이 전체에 대한 각 부분의 비율을 띠 모양에 나타낸 그래프의 이름을 쓰고, ☐ 안에 알맞은 수를 써넣으세요.

배우고 싶은 운동별 학생 수

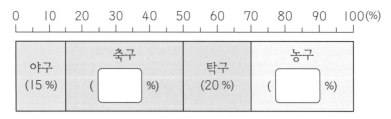

(　　　　　　　　　　　　)

2 어느 가게의 과일별 판매 수를 조사한 표와 띠그래프입니다. 물음에 답하세요.

과일별 판매 수

과일	사과	복숭아	포도	망고	합계
판매 수(개)	175	150	100	75	
백분율(%)	35			15	100

과일별 판매 수

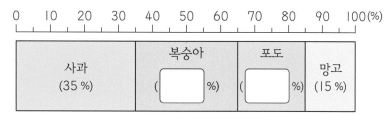

❶ 표의 빈칸에 알맞은 수를 써넣으세요.

❷ 띠그래프의 □ 안에 알맞은 수를 써넣으세요.

❸ 판매량이 가장 많은 과일은 무엇인가요?

(   )

❹ 복숭아 판매량은 망고 판매량의 몇 배인가요?

(   )배

3 띠그래프가 표에 비해 좋은 점은 무엇인지 설명해 보세요.

설명 _____

4 다음은 지홍이네 집에서 한 달 동안 쓴 생활비의 쓰임새를 조사하여 나타낸 띠그래프입니다. 저축으로 쓴 생활비는 전체의 몇 %인가요?

생활비의 쓰임새별 금액

교육비 (36 %)	저축	식품비 (22 %)	기타 (14 %)

(   ) %

띠그래프로 나타내기

• **띠그래프로 나타내는 방법**

① 자료를 보고 각 항목의 백분율을 구합니다.

② 각 항목의 백분율의 합계가 100 %가 되는지 확인합니다.

③ 각 항목이 차지하는 백분율의 크기만큼 선을 그어 띠를 나눕니다.

④ 나눈 부분에 각 항목의 내용과 백분율을 씁니다.

⑤ 띠그래프의 제목을 씁니다.

1 지유네 반 학생들이 도서관에서 책을 한 권씩 빌렸습니다. 학생들이 빌린 책을 종류별로 조사하여 나타낸 표입니다. 물음에 답하세요.

빌린 책의 종류별 권수

종류	학습만화	위인전	동화책	과학책	합계
권수(권)	20	15	10	5	50

❶ 빌린 책의 전체 권수에 대한 종류별 권수의 백분율을 각각 구해 보세요.

학습만화 (   ) %, 위인전 (   ) %

동화책 (   ) %, 과학책 (   ) %

❷ 각 항목의 백분율을 모두 더하면 몇 %인가요?

(   ) %

❸ 띠그래프를 완성해 보세요.

빌린 책의 종류별 권수

```
0    10   20   30   40   50   60   70   80   90   100(%)
```

| 학습만화 (40 %) | |

2 소미네 학교 학생 80명이 먹고 싶은 급식 메뉴를 조사하여 나타낸 표입니다. 물음에 답하세요.

먹고 싶은 급식 메뉴별 학생 수

메뉴	불고기	비빔밥	미역국	치킨	기타	합계
학생 수(명)	28	24	8		4	80
백분율(%)						

❶ 표의 빈칸에 알맞은 수를 써넣으세요.

❷ 표를 보고 띠그래프로 나타내어 보세요.

먹고 싶은 급식 메뉴별 학생 수

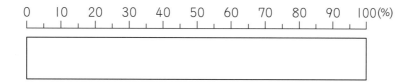

3 두부에 들어 있는 영양소 성분을 조사하여 나타낸 표입니다. 물음에 답하세요.

두부의 영양소

영양소	탄수화물	단백질	수분	기타	합계
백분율(%)	15		25	5	

❶ 백분율의 합계는 몇 %인가요?

(   ) %

❷ 표의 빈칸에 알맞은 수를 써넣으세요.

❸ 표를 보고 띠그래프로 나타내어 보세요.

두부의 영양소

0 10 20 30 40 50 60 70 80 90 100(%)

원그래프 알아보기

원그래프: 전체에 대한 각 부분의 비율을 원 모양에 나타낸 그래프

• 원그래프에 표시된 눈금은 백분율을 나타냅니다.

• 원그래프는 전체에 대한 각 부분의 비율을 한눈에 알아보기 쉽습니다.

혈액형별 학생 수

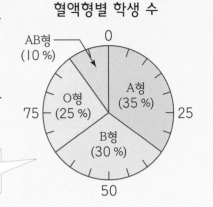

자료를 원그래프로 나타내면 각 혈액형이 차지하는 비율을 한눈에 알 수 있어요.

1 학생들이 좋아하는 우유를 조사하여 나타낸 표입니다. 물음에 답하세요.

좋아하는 우유별 학생 수

우유	흰 우유	초코우유	딸기우유	바나나우유	합계
학생 수(명)	6	4	5	10	25

❶ 전체 학생 수에 대한 좋아하는 우유별 학생 수의 백분율을 구하려고 합니다. ☐ 안에 알맞은 수를 써넣으세요.

흰 우유: $\dfrac{6}{25} \times 100 = 24$ (%)　　　초코우유: $\dfrac{4}{25} \times 100 = \boxed{}$ (%)

딸기우유: $\dfrac{\boxed{}}{25} \times 100 = \boxed{}$ (%)　　　바나나우유: $\dfrac{\boxed{}}{25} \times 100 = \boxed{}$ (%)

❷ 오른쪽 그림과 같이 전체에 대한 각 부분의 비율을 원 모양에 나타낸 그래프의 이름을 쓰고, ☐ 안에 알맞은 수를 써넣으세요.

좋아하는 우유별 학생 수

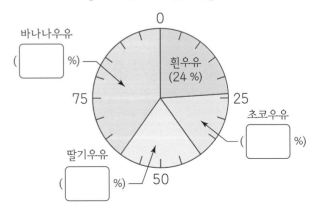

(　　　　　　　　　)

2 어느 가게의 하루 동안 팔린 빵의 수를 조사하여 나타낸 표입니다. 물음에 답하세요.

하루 동안 팔린 빵의 수

종류	크림빵	단팥빵	식빵	도넛	기타	합계
빵의 수(개)	50	70	40	30	10	
백분율(%)	25		20		5	

❶ 단팥빵과 도넛의 백분율을 각각 구해 보세요.

단팥빵 (   ) %

도넛 (   ) %

❷ 각 항목의 백분율의 합계는 몇 %인가요?

(   ) %

❸ 원그래프의 □ 안에 알맞은 수를 써넣으세요.

하루 동안 팔린 빵의 수

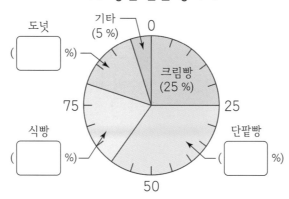

❹ 하루 동안 가장 많이 팔린 빵은 무엇인가요?

(   )

❺ 표와 원그래프 중 전체에 대한 각 항목끼리의 비율을 한눈에 알 수 있는 것은 어느 것인가요?

(   )

3 원그래프가 표에 비해 좋은 점은 무엇인지 설명해 보세요.

설명 _____

원그래프로 나타내기

• **원그래프로 나타내는 방법**

① 자료를 보고 각 항목의 백분율을 구합니다.

② 각 항목의 백분율의 합계가 100 %가 되는지 확인합니다.

③ 각 항목이 차지하는 백분율의 크기만큼 선을 그어 원을 나눕니다.

④ 나눈 부분에 각 항목의 내용과 백분율을 씁니다.

⑤ 원그래프의 제목을 씁니다.

1 정효네 반 학생들이 좋아하는 색깔을 조사하여 나타낸 표입니다. 물음에 답하세요.

좋아하는 색깔별 학생 수

색깔	빨간색	노란색	파란색	초록색	합계
학생 수(명)	6	7	4	3	20

❶ 전체 학생 수에 대한 좋아하는 색깔별 학생 수의 백분율을 각각 구해 보세요.

빨간색 (   ) %, 노란색 (   ) %

파란색 (   ) %, 초록색 (   ) %

❷ 각 항목의 백분율의 합은 몇 %인가요?

(   ) %

❸ 원그래프를 완성해 보세요.

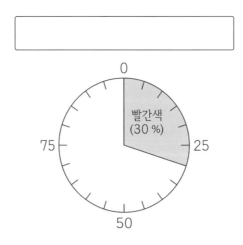

2 정수네 학교 6학년 학생 60명이 태어난 계절을 조사하여 나타낸 표입니다. 물음에 답하세요.

태어난 계절별 학생 수

계절	봄	여름	가을	겨울	합계
학생 수(명)	24	18	12	6	60
백분율(%)					

❶ 표의 빈칸에 알맞은 수를 써넣으세요.

❷ 표를 보고 원그래프로 나타내어 보세요.

태어난 계절별 학생 수

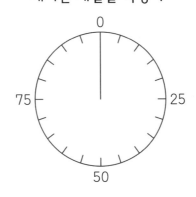

❸ 봄에 태어난 학생 수는 겨울에 태어난 학생 수의 몇 배인가요?

(   )배

3 어느 마을의 잡곡 생산량을 조사하여 나타낸 표입니다. 콩 생산량이 팥 생산량의 2배일 때 표를 완성하고 원그래프로 나타내어 보세요.

잡곡별 생산량

잡곡	옥수수	콩	보리	팥	기타	합계
백분율(%)	35			15	5	100

잡곡별 생산량

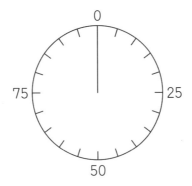

그래프 해석하기

1 진우네 반 학생들이 좋아하는 과목을 조사하여 나타낸 띠그래프입니다. 물음에 답하세요.

좋아하는 과목별 학생 수

| 체육 (30 %) | 미술 (25 %) | 수학 (20 %) | 영어 | 기타 (10 %) |

❶ 영어를 좋아하는 학생 수는 전체의 몇 %인지 구해 보세요.

(   ) %

❷ □ 안에 알맞은 수 또는 말을 써넣으세요.

• 가장 많은 학생들이 좋아하는 과목은 □ 입니다.

• 체육을 좋아하는 학생 수는 영어를 좋아하는 학생 수의 □ 배입니다.

• 조사한 학생 수가 40명이라면 미술을 좋아하는 학생 수는 □ 명입니다.

2 세호가 3월 한 달 동안 쓴 용돈의 지출 내역을 조사하여 나타낸 띠그래프입니다. 물음에 답하세요.

3월 용돈 지출 내역

| 저금 (25 %) | 교통비 | 학용품비 (20 %) | 간식비 (30 %) | 기타 (10 %) |

❶ 교통비는 전체의 몇 %인지 구해 보세요.

(   ) %

❷ 세호가 3월에 용돈을 가장 많이 쓴 항목은 무엇인지 써 보세요.

(   )

❸ 세호의 한 달 용돈이 50000원이라면 저금을 하는 데 쓴 돈은 얼마인가요?

(   )원

3 서후네 집의 1월과 7월 아파트 항목별 관리비를 조사하여 나타낸 원그래프입니다. 물음에 답하세요.

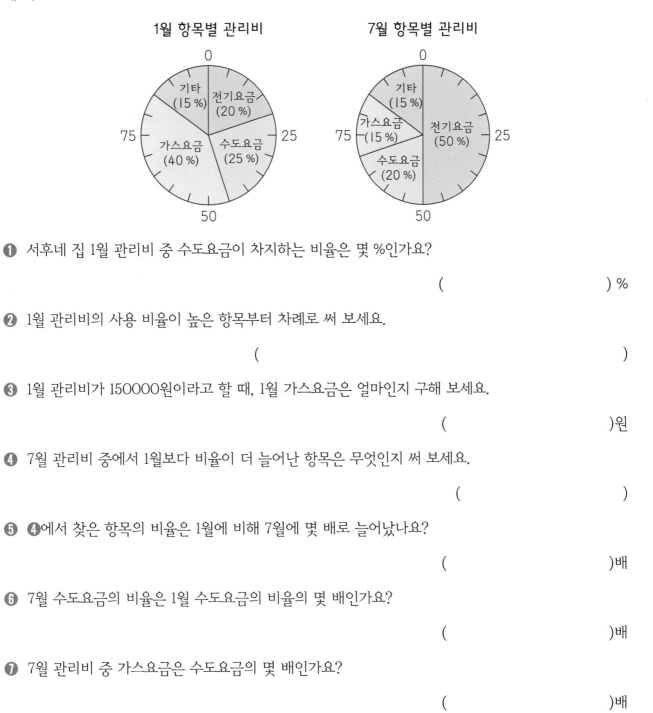

1월 항목별 관리비

7월 항목별 관리비

❶ 서후네 집 1월 관리비 중 수도요금이 차지하는 비율은 몇 %인가요?

(   ) %

❷ 1월 관리비의 사용 비율이 높은 항목부터 차례로 써 보세요.

(   )

❸ 1월 관리비가 150000원이라고 할 때, 1월 가스요금은 얼마인지 구해 보세요.

(   )원

❹ 7월 관리비 중에서 1월보다 비율이 더 늘어난 항목은 무엇인지 써 보세요.

(   )

❺ ❹에서 찾은 항목의 비율은 1월에 비해 7월에 몇 배로 늘어났나요?

(   )배

❻ 7월 수도요금의 비율은 1월 수도요금의 비율의 몇 배인가요?

(   )배

❼ 7월 관리비 중 가스요금은 수도요금의 몇 배인가요?

(   )배

❽ 7월 관리비 중 전기 요금이 100000원이라고 할 때, 7월 기타에 사용한 금액은 얼마인가요?

(   )원

여러 가지 그래프 비교하기

그래프	특징
그림그래프	• 알려고 하는 수(조사하는 수)를 그림으로 나타낸 그래프입니다. • 그림의 크기로 수량의 많고 적음을 쉽게 알 수 있습니다.
막대그래프	• 조사한 자료를 막대 모양으로 나타낸 그래프입니다. • 수량의 많고 적음을 한눈에 비교하기 쉽고, 각각의 크기를 비교할 때 편리합니다.
꺾은선그래프	• 수량을 점으로 표시하고, 그 점들을 선분으로 이어 그린 그래프입니다. • 수량의 변화하는 모습과 정도를 쉽게 알 수 있습니다. (시간에 따라 연속적으로 변하는 양을 나타내는 데 편리합니다.)
띠그래프	• 전체에 대한 각 부분의 비율을 띠 모양에 나타낸 그래프입니다. • 전체에 대한 각 부분의 비율을 한눈에 알아보기 쉽습니다.
원그래프	• 전체에 대한 각 부분의 비율을 원 모양에 나타낸 그래프입니다. • 전체에 대한 각 부분의 비율을 한눈에 알아보기 쉽습니다.

1 관계있는 것끼리 선으로 이어 보세요.

조사한 자료를 막대 모양으로 나타낸 그래프로 항목들의 크기를 비교할 때 편리합니다.   •   • 띠그래프

그림의 크기로 수량의 많고 적음을 쉽게 알 수 있습니다.   •   • 막대그래프

전체에 대한 각 부분의 비율을 한눈에 알아보기 쉽습니다.   •   • 그림그래프

2 1년간 자란 키의 변화를 나타내기에 알맞은 그래프를 골라 기호를 써 보세요.

ㄱ 막대그래프   ㄴ 꺾은선그래프
ㄷ 원그래프   ㄹ 그림그래프

(   )

3 미수네 마을의 초등학교별 학생 수를 나타낸 그림그래프입니다. 물음에 답하세요.

초등학교별 학생 수

❶ 그래프를 보고 표를 완성해 보세요.

초등학교별 학생 수

학교	사랑	소망	희망	기쁨	합계
학생 수(명)	900		400		
백분율(%)			20	10	100

❷ 막대그래프로 나타내어 보세요.

초등학교별 학생 수

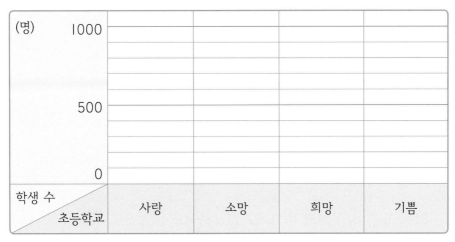

❸ 띠그래프로 나타내어 보세요.

초등학교별 학생 수

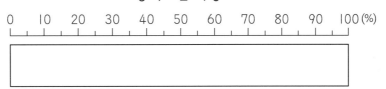

연습 문제

1 표를 보고 그림그래프로 나타내어 보세요.

지역별 쌀 생산량

지역	가	나	다	라
생산량(t)	1500	1700	4200	5500

지역별 쌀 생산량

지역	생산량
가	
나	
다	
라	

🌾 1000 t

🌾 100 t

2 백분율을 구하여 표를 완성하고 띠그래프로 나타내어 보세요.

배우고 있는 운동별 학생 수

운동	수영	태권도	줄넘기	기타	합계
학생 수(명)	12	14	8	6	40
백분율(%)					100

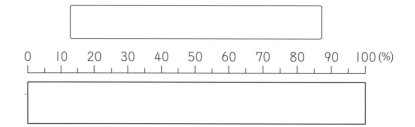

3 백분율을 구하여 표를 완성하고 원그래프로 나타내어 보세요.

스마트폰 사용 시간별 학생 수

시간	1시간 미만	1시간 ~ 2시간	2시간 ~ 3시간	3시간 ~ 4시간	합계
학생 수 (명)	28	32	12	8	80
백분율 (%)					100

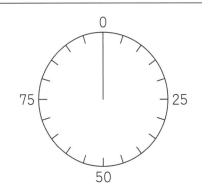

4 지혜네 반 학생들이 태어난 계절을 조사하여 나타낸 원그래프입니다. 물음에 답하세요.

태어난 계절별 학생 수

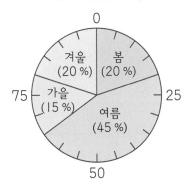

❶ 가장 많은 학생늘이 태어난 계절은 무엇인지 써 보세요.

( )

❷ 여름에 태어난 학생 수는 가을에 태어난 학생 수의 몇 배인지 써 보세요.

( )배

❸ 겨울에 태어난 학생이 4명이라면 지혜네 반 학생 수는 모두 몇 명인지 구해 보세요.

( )명

단원 평가

1 마을별 돼지의 수를 나타낸 표와 그림그래프입니다. 표와 그림그래프를 완성해 보세요.

마을별 돼지의 수

마을	가	나	다	라
돼지 수(마리)		170	440	250

마을별 돼지의 수

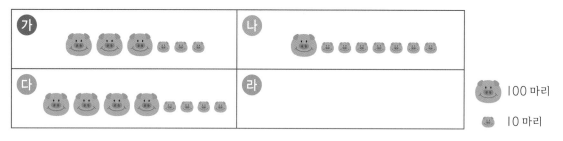

2 수진이네 학교 6학년 학생들이 수학여행으로 가고 싶은 지역을 조사하여 나타낸 표입니다. 물음에 답하세요.

수학여행으로 가고 싶은 지역별 학생 수

지역	제주도	부산	속초	경주	합계
학생 수(명)	96		24	48	240
백분율(%)	40	30			

❶ 표의 빈칸에 알맞은 수를 써넣으세요.

❷ 표를 보고 띠그래프를 완성해 보세요.

수학여행으로 가고 싶은 지역별 학생 수

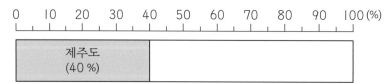

❸ 수학여행으로 가고 싶은 지역별 학생 수가 많은 곳부터 순서대로 써 보세요.

( )

3 세미네 학교 6학년 학생들이 많이 사용하는 컴퓨터 프로그램을 조사하여 나타낸 표입니다. 물음에 답하세요.

컴퓨터 프로그램별 학생 수

프로그램	한글	정보검색	게임	인터넷강의	합계
학생 수(명)	15	30		45	150
백분율(%)			40		100

❶ 표의 빈칸에 알맞은 수를 써넣으세요.

❷ 표를 보고 원그래프로 나타내어 보세요.

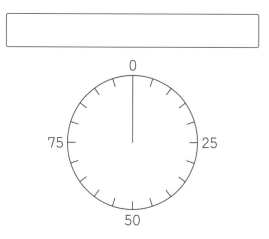

4 어떤 식품 1200 g에 들어 있는 영양소를 조사하여 나타낸 띠그래프입니다. 띠그래프를 보고 바르게 해석한 것을 모두 찾아 기호를 써 보세요.

식품의 영양소

탄수화물	단백질 (16 %)	지방 (24 %)	기타 (20 %)	

나트륨(8 %)

㉠ 탄수화물의 비율은 32 %입니다.

㉡ 탄수화물의 비율은 단백질의 비율의 3배입니다.

㉢ 이 식품에 들어 있는 나트륨의 양은 $1200 \times \dfrac{8}{100} = 96$ (g)입니다.

㉣ 탄수화물의 양은 지방의 양보다 16 g 더 많습니다.

(   )

실력 키우기

1 태영이네 학교에서 하루에 발생하는 쓰레기 양을 조사하여 나타낸 원그래프입니다. 물음에 답하세요.

종류별 쓰레기 발생량

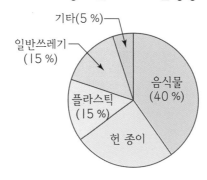

❶ 빈칸에 알맞은 수를 써넣으세요.

종류별 쓰레기 발생량

쓰레기 종류	음식물	헌 종이	플라스틱	일반쓰레기	기타	합계
백분율(%)						

❷ 하루에 발생하는 쓰레기 전체 양이 500 kg일 때 헌 종이의 양은 몇 kg인가요?

(   ) kg

❸ 띠그래프로 나타내어 보세요.

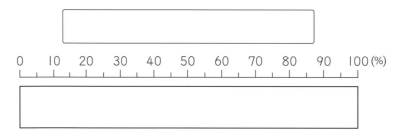

❹ 띠그래프를 보고 알 수 있는 내용을 2가지 써 보세요.

1 _____

2 _____

6. 직육면체의 부피와 겉넓이

- 직육면체의 부피 비교하기

- 직육면체의 부피 구하기

- m^3 알아보기

- 직육면체의 겉넓이 구하기

직육면체의 부피 비교하기

• 직접 비교하기

밑면의 가로와 세로가 같으므로 높이가 더 높은 왼쪽 상자의 부피가 더 큽니다.

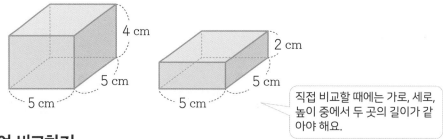

직접 비교할 때에는 가로, 세로, 높이 중에서 두 곳의 길이가 같아야 해요.

• 단위 물건을 이용하여 비교하기

가는 을 6개씩 4층으로 담을 수 있고, 나는 9개씩 3층으로 담을 수 있으므로 나의 부피가 더 큽니다.

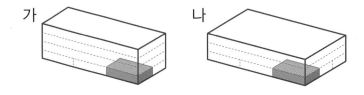

• 쌓기나무를 이용하여 비교하기

쌓기나무를 상자와 같은 크기의 직육면체 모양으로 쌓은 뒤, 쌓기나무의 수를 세어 비교합니다.

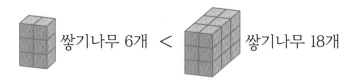

쌓기나무 6개 < 쌓기나무 18개

1 입체도형이 공간에서 차지하는 크기를 비교하려면 무엇을 비교해야 되는지 보기 에서 찾아 기호를 써 보세요.

보기   ㉠ 부피   ㉡ 밑면의 넓이   ㉢ 무게   ㉣ 높이

(   )

2 부피가 더 큰 직육면체의 기호를 써 보세요.

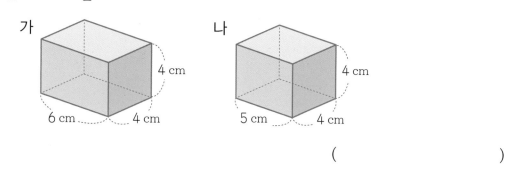

(   )

3 상자 가, 나, 다에 크기가 같은 직육면체 모양의 작은 상자를 담아 부피를 비교하려고 합니다. 물음에 답하세요.

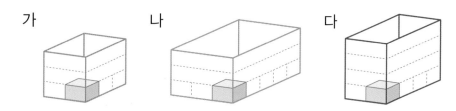

❶ 각각의 상자에 담을 수 있는 작은 상자는 몇 개인지 구해 보세요.

가: $2 \times \boxed{} \times \boxed{} = \boxed{}$ (개)

나: $3 \times \boxed{} \times \boxed{} = \boxed{}$ (개)

다: $2 \times \boxed{} \times \boxed{} = \boxed{}$ (개)

❷ 부피가 가장 큰 상자의 기호를 써 보세요.

(   )

4 크기가 같은 쌓기나무를 사용하여 만든 직육면체입니다. 부피가 작은 직육면체부터 순서대로 기호를 써 보세요.

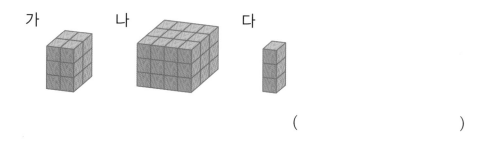

(   )

직육면체의 부피 구하기

• 1 cm³ 알아보기

한 모서리의 길이가 1 cm인 정육면체의 부피를
1 cm³라 쓰고, 1 세제곱센티미터라고 읽습니다.

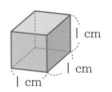

• 직육면체의 부피 구하는 방법

(직육면체의 부피)=(가로)×(세로)×(높이)
　　　　　　　=(밑면의 넓이)×(높이)

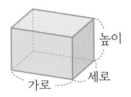

• 정육면체의 부피 구하는 방법

(정육면체의 부피)=(한 모서리의 길이)×(한 모서리의 길이)×(한 모서리의 길이)

1 □ 안에 알맞게 써넣으세요.

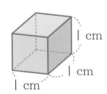

한 모서리의 길이가 1 cm인 정육면체의 부피를 □□□(이)라 쓰고,

□□□□□□(이)라고 읽습니다.

2 부피가 1 cm³인 쌓기나무로 직육면체를 만들었습니다. 직육면체의 부피는 몇 cm³인지 구해 보세요.

❶ 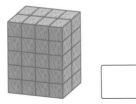　□ cm³

❷ 　□ cm³

3 □ 안에 알맞은 수를 써넣으세요.

❶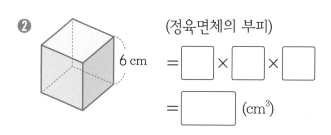

(직육면체의 부피)

$= 6 \times \boxed{} \times \boxed{}$

$= \boxed{}$ (cm³)

❷

(정육면체의 부피)

$= \boxed{} \times \boxed{} \times \boxed{}$

$= \boxed{}$ (cm³)

4 직육면체의 부피를 구해 보세요.

❶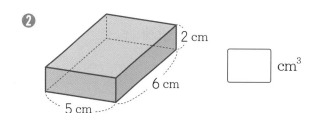

$\boxed{}$ cm³

❷

$\boxed{}$ cm³

5 정육면체의 부피를 구해 보세요.

❶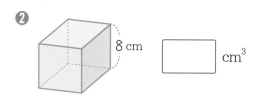

$\boxed{}$ cm³

❷

$\boxed{}$ cm³

6 다음 직육면체의 부피는 96 cm³입니다. □ 안에 알맞은 수를 써넣으세요.

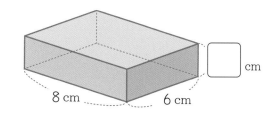

$\boxed{}$ cm

m³ 알아보기

• 부피의 단위

한 모서리의 길이가 1 m인 정육면체의 부피를 1 m³라 쓰고, 1 세제곱미터라고 읽습니다.

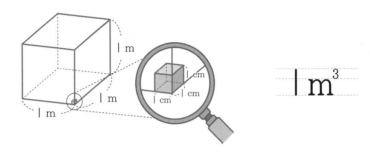

• 1 cm³와 1 m³의 관계

$$1\,m^3 = 1\,m \times 1\,m \times 1\,m = 100\,cm \times 100\,cm \times 100\,cm = 1000000\,cm^3$$

1 가로, 세로, 높이가 각각 1 m인 정육면체의 부피를 알아보려고 합니다. 물음에 답하세요.

❶ 정육면체의 부피는 몇 m³인가요?

(   ) m³

❷ 정육면체의 부피는 몇 cm³인가요?

(   ) cm³

2 직육면체의 부피가 몇 m³인지 구하려고 합니다. 물음에 답하세요.

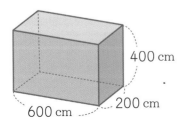

❶ 직육면체의 가로, 세로, 높이는 각각 몇 m인지 써 보세요.

가로 (   ) m, 세로 (   ) m, 높이 (   ) m

❷ 직육면체의 부피는 몇 m³인가요?

$$6 \times \boxed{} \times \boxed{} = \boxed{} \ (m^3)$$

3 □ 안에 알맞은 수를 써넣으세요.

❶ 5 m³ = [ ] cm³

❷ 1.8 m³ = [ ] cm³

❸ 7000000 cm³ = [ ] m³

❹ 52000000 cm³ = [ ] m³

4 그림을 보고 물음에 답하세요.

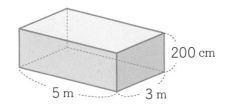

❶ 직육면체의 높이를 m로 나타내어 보세요.

( ) m

❷ 직육면체의 부피는 몇 m³인가요?

( ) m³

5 부피가 큰 것부터 순서대로 기호를 써 보세요.

> ㉠ 5.5 m³
> ㉡ 10000000 cm³
> ㉢ 가로가 4 m, 세로가 200 cm, 높이가 1.5 m인 직육면체의 부피
> ㉣ 한 모서리의 길이가 200 cm인 정육면체의 부피

( )

6 직육면체와 정육면체의 부피가 같을 때, □ 안에 알맞은 수를 써넣으세요.

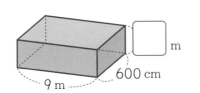
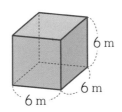

직육면체의 겉넓이 구하기

• **직육면체의 겉넓이 구하기**

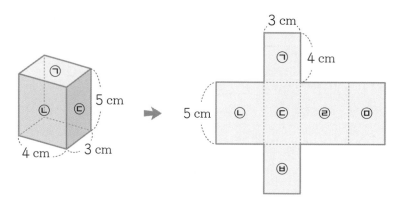

방법1 여섯 면의 넓이를 각각 구해 모두 더합니다.

➡ (직육면체의 겉넓이)=㉠+㉡+㉢+㉣+㉤+㉥

   =12+20+15+20+15+12=94 (cm^2)

방법2 합동인 면이 3쌍이므로 세 면의 넓이(㉠, ㉡, ㉢)의 합을 구한 뒤 2배 합니다.

➡ (직육면체의 겉넓이)=(㉠+㉡+㉢)×2

   =(12+20+15)×2=94 (cm^2)

방법3 두 밑면의 넓이와 옆면의 넓이를 더합니다.

➡ (직육면체의 겉넓이)=(한 밑면의 넓이)×2+(옆면의 넓이)

   =㉠×2+(㉡+㉢+㉣+㉤)

   =12×2+(4+3+4+3)×5=94 (cm^2)

• **정육면체의 겉넓이 구하기**

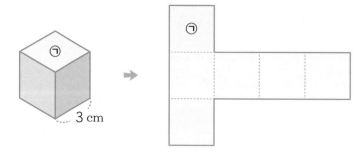

➡ (정육면체의 겉넓이)=(한 면의 넓이)×6

   =(한 모서리의 길이)×(한 모서리의 길이)×6

   =㉠×6=3×3×6=54 (cm^2)

106

1 직육면체의 겉넓이를 구하는 식을 잘못 나타낸 것의 기호를 써 보세요.

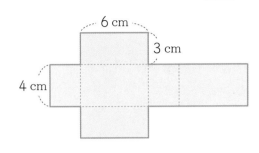

㉠ 18+12+24+12+24+18
㉡ (18+12+24)×3
㉢ 18×2+(3+6+3+6)×4

(   )

2 직육면체와 정육면체의 겉넓이를 구해 보세요.

❶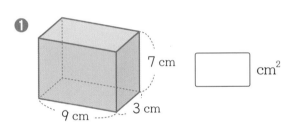

☐ cm^2

❷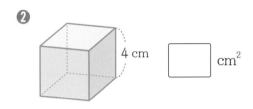

☐ cm^2

3 한 면의 넓이가 64 cm^{2}인 정육면체의 겉넓이를 구해 보세요.

(   ) cm^2

4 겉넓이가 더 큰 직육면체를 찾아 기호를 써 보세요.

가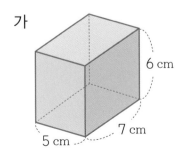

나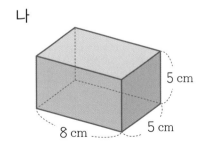

(   )

연습 문제

[1~2] 모양과 크기가 같은 작은 상자를 이용하여 두 상자의 부피를 비교하고 ○ 안에 >, =, <를 알맞게 써넣으세요.

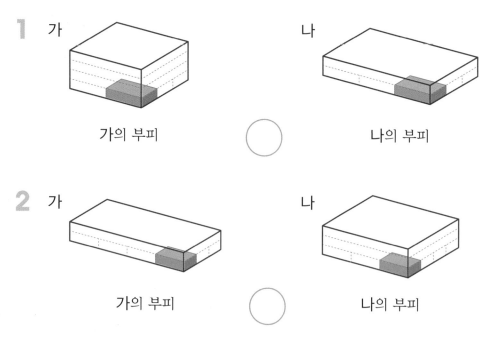

1 가   나

가의 부피   ○   나의 부피

2 가   나

가의 부피   ○   나의 부피

[3~4] 부피가 1 cm³인 쌓기나무를 쌓아서 만든 직육면체의 부피를 구해 보세요.

3   ☐ cm³

4   ☐ cm³

[5~6] 직육면체의 부피를 구해 보세요.

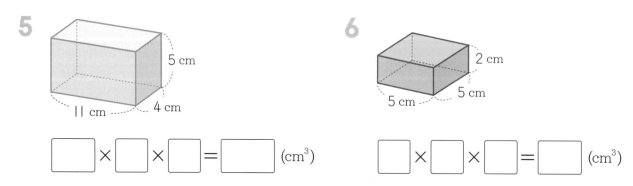

5   5 cm   11 cm   4 cm

6   2 cm   5 cm   5 cm

☐ × ☐ × ☐ = ☐ (cm³)   ☐ × ☐ × ☐ = ☐ (cm³)

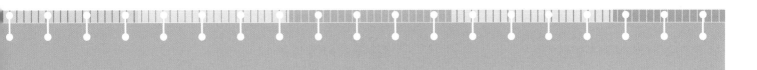

[7~10] m³는 cm³로, cm³는 m³로 나타내어 보세요.

7 2 m³ = ☐ cm³

8 0.9 m³ = ☐ cm³

9 14000000 cm³ = ☐ m³

10 100000 cm³ = ☐ m³

11 다음 전개도를 이용하여 만들 수 있는 직육면체의 겉넓이를 구해 보세요.

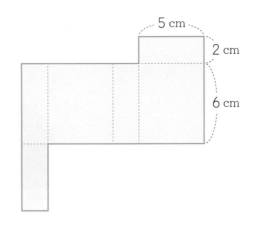

5 cm
2 cm
6 cm

❶ 여섯 면의 넓이의 합으로 구하기

☐ + ☐ + ☐ + ☐ + ☐ + ☐ = ☐ (cm²)

❷ 세 쌍의 면이 합동인 성질을 이용하여 구하기

(☐ + ☐ + ☐) × 2 = ☐ (cm²)

❸ 두 밑면의 넓이와 옆면의 넓이의 합으로 구하기

☐ × 2 + (☐ + ☐ + ☐ + ☐) × 6 = ☐ (cm²)

12 정육면체의 겉넓이를 구해 보세요.

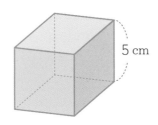

5 cm

(   ) cm²

단원 평가

1 부피가 큰 직육면체부터 순서대로 기호를 써 보세요.

가 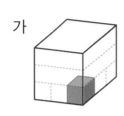 나 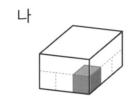 다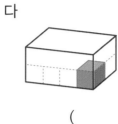

(   )

2 부피가 1 cm³인 정육면체 모양의 쌓기나무를 쌓아서 상자를 만들었습니다. 쌓은 쌓기나무의 수와 부피를 구해 보세요.

❶ 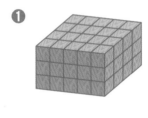   ❷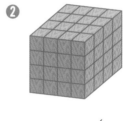

(   )개   (   )개

(   ) cm³   (   ) cm³

3 □ 안에 알맞은 수나 말을 써넣으세요.

> 한 모서리의 길이가 1 m인 정육면체의 부피를 ☐ m³라 하고,
>
> ☐ (이)라고 읽습니다.

4 □ 안에 알맞은 수를 써넣으세요.

❶ 7 m³ = ☐ cm³   ❷ 8000000 cm³ = ☐ m³

❸ 2.3 m³ = ☐ cm³   ❹ 500000 cm³ = ☐ m³

5 직육면체의 부피를 구해 보세요.

❶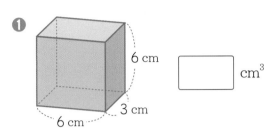

6 cm
3 cm
6 cm

[ ] cm³

❷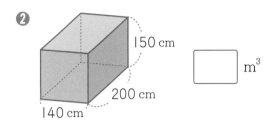

150 cm
200 cm
140 cm

[ ] m³

6 정육면체의 부피를 구해 보세요.

❶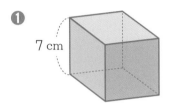

7 cm

[ ] cm³

❷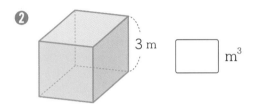

3 m

[ ] m³

7 직육면체의 겉넓이를 구해 보세요.

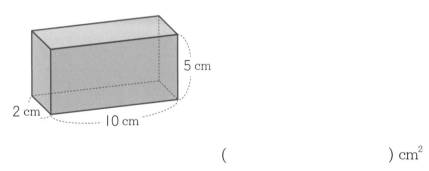

5 cm
2 cm
10 cm

(   ) cm²

8 정육면체 전개도를 이용하여 선물 상자를 만들려고 합니다. 만들려고 하는 선물 상자의 겉넓이는 몇 cm²인지 구해 보세요.

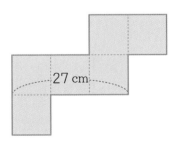

27 cm

(   ) cm²

실력 키우기

1 직육면체 모양의 상자에 한 모서리가 2 cm인 정육면체 모양의 쌓기나무를 빈틈없이 쌓아 넣었다면 넣은 쌓기나무는 모두 몇 개인가요? (단, 상자의 두께는 생각하지 않습니다.)

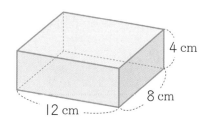

(   )개

2 직육면체의 부피가 216 cm³입니다. 직육면체의 높이는 몇 cm인지 구해 보세요.

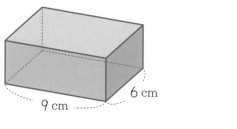

(   ) cm

3 정육면체의 부피가 125000000 cm³일 때, 정육면체의 한 변의 길이는 몇 m인지 구해 보세요.

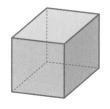

(   ) m

4 다음 전개도를 이용하여 만든 정육면체의 겉넓이가 384 cm²일 때, 정육면체의 한 모서리의 길이는 몇 cm인지 구해 보세요.

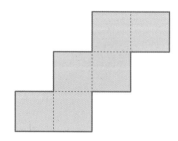

(   ) cm

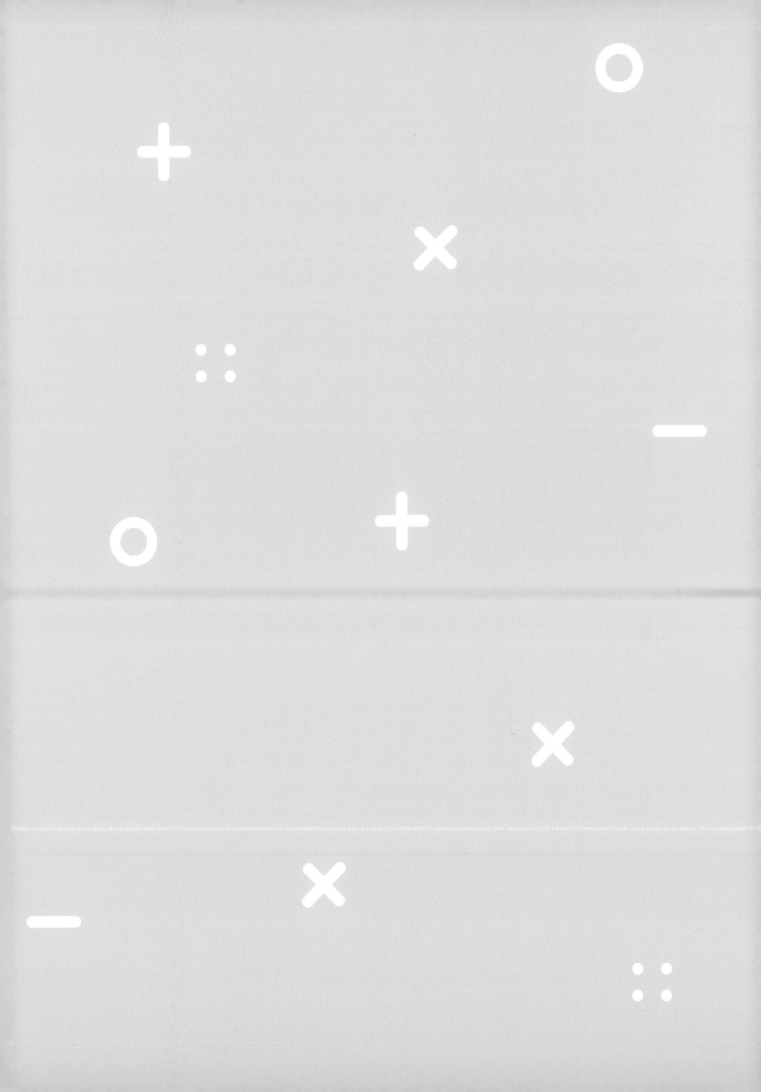

정답과 풀이

제제
수학

체때
체대로!

6-1

서사원주니어

1. 분수의 나눗셈

몫이 1보다 작은 (자연수)÷(자연수)의 몫을 분수로 나타내기

• 1÷(자연수)의 몫을 분수로 나타내기

$1÷4=\dfrac{1}{4}$

1을 똑같이 4로 나눈 것 중 하나이므로 $1÷4$의 몫은 $\dfrac{1}{4}$입니다.

$$1÷● = \dfrac{1}{●}$$

• (자연수)÷(자연수)의 몫을 분수로 나타내기

 $3÷4=\dfrac{3}{4}$

$1÷4=\dfrac{1}{4}$이고, $3÷4$는 $\dfrac{1}{4}$이 3개이므로 $\dfrac{3}{4}$입니다.

$$▲÷● = \dfrac{▲}{●}$$

1 그림을 보고 나눗셈의 몫을 분수로 나타내어 보세요.

❶ $1÷6=\dfrac{1}{6}$

❷  $2÷3=\dfrac{2}{3}$

2 나눗셈을 그림으로 나타내고 몫을 분수로 나타내어 보세요.

❶ 예 $1÷5=\dfrac{1}{5}$

❷ 예  $5÷6=\dfrac{5}{6}$

3 □ 안에 알맞은 수를 써넣으세요.

❶ $1÷7=\dfrac{1}{7}$

❷ $3÷7$은 $\dfrac{1}{7}$이 3 개입니다.

❸ $3÷7$은 $\dfrac{3}{7}$입니다.

4 나눗셈의 몫을 분수로 나타내어 보세요.

❶ $1÷8=\dfrac{1}{8}$

❷ $5÷9=\dfrac{5}{9}$

5 나눗셈의 몫을 찾아 선으로 이어 보세요.

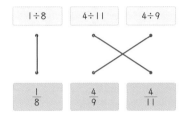

$1÷8$	$4÷11$	$4÷9$

$\dfrac{1}{8}$	$\dfrac{4}{9}$	$\dfrac{4}{11}$

6 설탕 1 kg을 봉지 10개에 똑같이 나누어 담으려고 합니다. 한 봉지에 설탕을 몇 kg씩 담아야 하는지 구해 보세요.

($\dfrac{1}{10}$) kg

▶ 1을 10으로 나눈 것 중의 하나이므로 $1÷10=\dfrac{1}{10}$ (kg)입니다.

---

1. 분수의 나눗셈

몫이 1보다 큰 (자연수)÷(자연수)의 몫을 분수로 나타내기

▲÷●의 몫을 분수로 나타낼 때, ▲>●인 경우 몫이 1보다 큰 가분수가 됩니다.

방법1 $1÷4$의 몫은 $\dfrac{1}{4}$이고, $5÷4$는 $\dfrac{1}{4}$이 5개 ➡ $5÷4=\dfrac{5}{4}=1\dfrac{1}{4}$

방법2 $5÷4=1…1$, 나머지 1을 4로 나누면 $\dfrac{1}{4}$ ➡ $5÷4=1\dfrac{1}{4}=\dfrac{5}{4}$

1 그림을 보고 나눗셈의 몫을 분수로 나타내어 보세요.

❶ 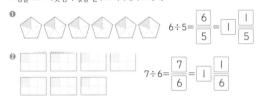 $6÷5=\dfrac{6}{5}=1\dfrac{1}{5}$

❷ $7÷6=\dfrac{7}{6}=1\dfrac{1}{6}$

2 $1÷4$의 몫을 이용하여 $13÷4$의 몫을 분수로 나타내려고 합니다. □ 안에 알맞은 수를 써넣으세요.

$1÷4=\dfrac{1}{4}$이고 $13÷4$는 $\dfrac{1}{4}$이 13 개이므로

$13÷4=\dfrac{13}{4}=3\dfrac{1}{4}$입니다.

3 나눗셈의 몫과 나머지를 이용하여 $18÷5$의 몫을 분수로 나타내려고 합니다. □ 안에 알맞은 수를 써넣으세요.

$18÷5=3…3$이고, 나머지 3 을/를 5로 나누면 $\dfrac{3}{5}$입니다.

따라서 $18÷5=3\dfrac{3}{5}$이고, 가분수로 나타내면 $\dfrac{18}{5}$입니다.

4 나눗셈의 몫을 분수로 나타내어 보세요.

❶ $10÷7=\dfrac{10}{7}=1\dfrac{3}{7}$

❷ $16÷9=\dfrac{16}{9}=1\dfrac{7}{9}$

5 나눗셈의 몫을 찾아 선으로 이어 보세요.

$23÷3$		$4\dfrac{3}{4}$
$19÷4$		$7\dfrac{2}{3}$
$7÷2$		$3\dfrac{1}{2}$

6 색종이 15장을 4명이 똑같이 나누려고 합니다. 한 명이 색종이를 몇 장씩 가질 수 있는지 구해 보세요.

▶ $15÷4=\dfrac{15}{4}\left(=3\dfrac{3}{4}\right)$이므로 한 명이 가질 수 있는

($\dfrac{15}{4}\left(=3\dfrac{3}{4}\right)$)장

색종이는 $\dfrac{15}{4}\left(=3\dfrac{3}{4}\right)$장입니다.

1. 분수의 나눗셈

(분수)÷(자연수) 알아보기

- **분자가 자연수의 배수인 (분수)÷(자연수)**

분자를 자연수로 나누어 계산합니다.

$\dfrac{6}{7} \div 3 = \dfrac{6 \div 3}{7} = \dfrac{2}{7}$

- **분자가 자연수의 배수가 아닌 (분수)÷(자연수)**

크기가 같은 분수 중 분자가 자연수의 배수인 수로 바꾸어 계산합니다.

$\dfrac{6}{7} \div 5 = \dfrac{6 \times 5}{7 \times 5} \div 5 = \dfrac{30}{35} \div 5 = \dfrac{30 \div 5}{35} = \dfrac{6}{35}$

5의 배수가 되어야 하므로 분모와 분자에 각각 5를 곱해요.

1 수직선을 보고 □ 안에 알맞은 수를 써넣으세요.

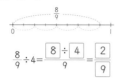

$\dfrac{8}{9} \div 4 = \dfrac{\boxed{8} \div \boxed{4}}{9} = \dfrac{\boxed{2}}{\boxed{9}}$

2 그림을 보고 $\dfrac{5}{7} \div 3$의 몫을 분수로 나타내려고 합니다. □ 안에 알맞은 수를 써넣으세요.

$\dfrac{5}{7} \div 3 = \dfrac{5 \times 3}{7 \times 3} \div 3 = \dfrac{\boxed{15}}{21} \div 3 = \dfrac{\boxed{15} \div 3}{21} = \dfrac{\boxed{5}}{21}$

3 □ 안에 알맞은 수를 써넣으세요.

❶ $\dfrac{10}{13} \div 5 = \dfrac{\boxed{10} \div 5}{13} = \dfrac{\boxed{2}}{13}$

❷ $\dfrac{7}{11} \div 2 = \dfrac{\boxed{14}}{22} \div 2 = \dfrac{\boxed{14} \div 2}{22} = \dfrac{7}{\boxed{22}}$

4 나눗셈을 바르게 계산한 사람을 찾아 이름을 써 보세요.

> 희재: $\dfrac{7}{12} \div 3 = \dfrac{7}{12 \div 3} = \dfrac{7}{4} = 1\dfrac{3}{4}$
>
> 민준: $\dfrac{7}{12} \div 3 = \dfrac{7 \times 3}{12 \times 3} \div 3 = \dfrac{21}{36} \div 3 = \dfrac{21 \div 3}{36} = \dfrac{7}{36}$

(**민준**)

▶ (분수)÷(자연수)에서 분자가 자연수의 배수가 아닐 때에는 분자를 자연수의 배수로 바꾸어 계산합니다.

5 나눗셈의 몫을 분수로 나타내어 보세요.

❶ $\dfrac{8}{13} \div 2 = \dfrac{4}{13}$

▶ $\dfrac{8}{13} \div 2 = \dfrac{8 \div 2}{13} = \dfrac{4}{13}$

❷ $\dfrac{4}{9} \div 3 = \dfrac{4}{27}$

▶ $\dfrac{4}{9} \div 3 = \dfrac{4 \times 3}{9 \times 3} \div 3 = \dfrac{12}{27} \div 3$
$= \dfrac{12 \div 3}{27} = \dfrac{4}{27}$

6 둘레가 $\dfrac{4}{11}$ m인 정삼각형의 한 변의 길이는 몇 m인지 구해 보세요.

▶ 정삼각형 한 변의 길이를 구하기 위해서 둘레를 3으로 나눕니다.
$\dfrac{4}{11} \div 3 = \dfrac{4 \times 3}{11 \times 3} \div 3 = \dfrac{12}{33} \div 3 = \dfrac{12 \div 3}{33} = \dfrac{4}{33}$ (m)

($\dfrac{4}{33}$) m

1. 분수의 나눗셈

(진분수)÷(자연수)를 분수의 곱셈으로 나타내기

(분수)÷(자연수)를 (분수)$\times \dfrac{1}{(자연수)}$로 바꾸어 계산합니다.

$\dfrac{\triangle}{\bullet} \div \blacksquare = \dfrac{\triangle}{\bullet} \times \dfrac{1}{\blacksquare}$

1 그림을 보고 나눗셈을 계산해 보세요.

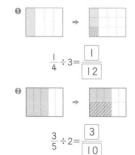

❶ $\dfrac{1}{4} \div 3 = \dfrac{\boxed{1}}{\boxed{12}}$

❷ $\dfrac{3}{5} \div 2 = \dfrac{\boxed{3}}{\boxed{10}}$

2 $\dfrac{5}{6} \div 2$를 계산하려고 합니다. □ 안에 알맞은 수를 써넣으세요.

> (분수)÷(자연수)는 (분수)$\times \dfrac{1}{(자연수)}$로 바꾼 다음 곱하여 계산합니다.
>
> 따라서 $\dfrac{5}{6} \div 2 = \dfrac{5}{6} \times \dfrac{\boxed{1}}{\boxed{2}} = \dfrac{5}{\boxed{12}}$입니다.

3 몫을 기약분수로 나타내어 보세요.

❶ $\dfrac{5}{8} \div 10 = \dfrac{1}{16}$

❷ $\dfrac{7}{11} \div 14 = \dfrac{1}{22}$

❸ $\dfrac{12}{13} \div 3 = \dfrac{4}{13}$

❹ $\dfrac{9}{10} \div 3 = \dfrac{3}{10}$

▶ ❶ $\dfrac{5}{8} \div 10 = \dfrac{5}{8} \times \dfrac{1}{10} = \dfrac{5}{80} = \dfrac{1}{16}$
❷ $\dfrac{7}{11} \div 14 = \dfrac{7}{11} \times \dfrac{1}{14} = \dfrac{7}{154} = \dfrac{1}{22}$
❸ $\dfrac{12}{13} \div 3 = \dfrac{12}{13} \times \dfrac{1}{3} = \dfrac{12}{39} = \dfrac{4}{13}$
❹ $\dfrac{9}{10} \div 3 = \dfrac{9}{10} \times \dfrac{1}{3} = \dfrac{9}{30} = \dfrac{3}{10}$

4 나눗셈을 계산하여 빈칸에 알맞게 써넣으세요.

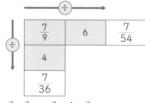

▶ $\dfrac{7}{9} \div 6 = \dfrac{7}{9} \times \dfrac{1}{6} = \dfrac{7}{54}$, $\dfrac{7}{9} \div 4 = \dfrac{7}{9} \times \dfrac{1}{4} = \dfrac{7}{36}$

5 길이가 $\dfrac{1}{5}$ m인 테이프를 똑같이 4조각으로 나누었습니다. 한 조각의 길이는 몇 m인지 구해 보세요.

($\dfrac{1}{20}$) m

▶ (테이프 한 조각의 길이)$= \dfrac{1}{5} \div 4 = \dfrac{1}{5} \times \dfrac{1}{4} = \dfrac{1}{20}$ (m)

6 무게가 같은 상자 6개의 무게를 재었더니 $\dfrac{18}{19}$ kg이었습니다. 상자 1개의 무게는 몇 kg인지 구해 보세요.

($\dfrac{18}{114}\left(=\dfrac{3}{19}\right)$) kg

▶ (상자 1개의 무게)$= \dfrac{18}{19} \div 6 = \dfrac{18}{19} \times \dfrac{1}{6} = \dfrac{18}{114}\left(=\dfrac{3}{19}\right)$ (kg)

1. 분수의 나눗셈

(가분수)÷(자연수)를 분수의 곱셈으로 나타내기

(가분수)÷(자연수)를 (가분수)× $\frac{1}{(자연수)}$ 로 바꾸어 계산합니다.

$$\frac{12}{7} ÷ 5 = \frac{12}{7} × \frac{1}{5} = \frac{12}{35}$$

1 $\frac{7}{2} ÷ 2$를 계산하려고 합니다. □ 안에 알맞은 수를 써넣으세요.

> (가분수)÷(자연수)는 (가분수)× $\frac{1}{(자연수)}$ 로 바꾼 다음 곱하여 계산합니다.
>
> 따라서 $\frac{7}{2} ÷ 2 = \frac{7}{2} × \frac{1}{\boxed{2}} = \frac{7}{\boxed{4}} = 1\frac{3}{\boxed{4}}$ 입니다.

▶ ❶ $\frac{5}{3} ÷ 7 = \frac{5}{3} × \frac{1}{7} = \frac{5}{21}$ ❷ $\frac{8}{5} ÷ 3 = \frac{8}{5} × \frac{1}{3} = \frac{8}{15}$

❸ $\frac{13}{3} ÷ 4 = \frac{13}{3} × \frac{1}{4} = \frac{13}{12}\left(=1\frac{1}{12}\right)$ ❹ $\frac{21}{10} ÷ 2 = \frac{21}{10} × \frac{1}{2} = \frac{21}{20}\left(=1\frac{1}{20}\right)$

2 계산해 보세요.

❶ $\frac{5}{3} ÷ 7 = \frac{5}{21}$ ❷ $\frac{8}{5} ÷ 3 = \frac{8}{15}$

❸ $\frac{13}{3} ÷ 4 = \frac{13}{12}\left(=1\frac{1}{12}\right)$ ❹ $\frac{21}{10} ÷ 2 = \frac{21}{20}\left(=1\frac{1}{20}\right)$

▶ · $\frac{11}{5} ÷ 2 = \frac{11}{5} × \frac{1}{2} = \frac{11}{10}\left(=1\frac{1}{10}\right)$ · $\frac{3}{2} ÷ 2 = \frac{3}{2} × \frac{1}{2} = \frac{3}{4}$

· $\frac{12}{7} ÷ 2 = \frac{12}{7} × \frac{1}{2} = \frac{12}{14}\left(=\frac{6}{7}\right)$ · $\frac{13}{6} ÷ 2 = \frac{13}{6} × \frac{1}{2} = \frac{13}{12}\left(=1\frac{1}{12}\right)$

3 나눗셈을 계산하여 빈 곳에 알맞게 써넣으세요.

÷2	$\frac{11}{5}$	$\frac{3}{2}$	$\frac{12}{7}$	$\frac{13}{6}$
	$\frac{11}{10}\left(=1\frac{1}{10}\right)$	$\frac{3}{4}$	$\frac{12}{14}\left(=\frac{6}{7}\right)$	$\frac{13}{12}\left(=1\frac{1}{12}\right)$

4 계산 결과가 가장 큰 것의 기호를 써 보세요.

> ㉠ $\frac{16}{5} ÷ 4$ ㉡ $\frac{18}{5} ÷ 6$ ㉢ $\frac{21}{10} ÷ 7$

(㉠)

▶ ㉠ $\frac{16}{5} ÷ 4 = \frac{16}{5} × \frac{1}{4} = \frac{16}{20}\left(=\frac{8}{10}\right)$, ㉡ $\frac{18}{5} ÷ 6 = \frac{18}{5} × \frac{1}{6} = \frac{18}{30}\left(=\frac{6}{10}\right)$,

㉢ $\frac{21}{10} ÷ 7 = \frac{21}{10} × \frac{1}{7} = \frac{21}{70}\left(=\frac{3}{10}\right)$

5 관계있는 것끼리 선으로 이어 보세요.

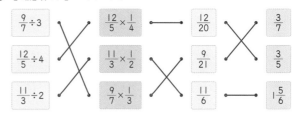

6 길이가 $\frac{18}{5}$ m인 색 테이프를 똑같이 4조각으로 나누었습니다. 한 조각의 길이는 몇 m인지 구해 보세요.

($\frac{18}{20}\left(=\frac{9}{10}\right)$) m

▶ (한 조각의 길이)= $\frac{18}{5} ÷ 4 = \frac{18}{5} × \frac{1}{4} = \frac{18}{20}\left(=\frac{9}{10}\right)$ (m)

7 직사각형의 넓이가 $\frac{16}{3}$ cm²이고 가로가 5 cm일 때 이 직사각형의 세로는 몇 cm인지 구해 보세요.

($\frac{16}{15}\left(=1\frac{1}{15}\right)$) cm

▶ (세로)= $\frac{16}{3} ÷ 5 = \frac{16}{3} × \frac{1}{5} = \frac{16}{15}\left(=1\frac{1}{15}\right)$ (cm)

---

1. 분수의 나눗셈

(대분수)÷(자연수)를 분수의 곱셈으로 나타내기

(대분수)÷(자연수)를 계산할 때, 대분수를 가분수로 바꾸어 나눗셈을 계산합니다.

· 대분수를 가분수로 바꾸었을 때 분자가 자연수의 배수인 (대분수)÷(자연수)

$2\frac{1}{4} ÷ 3 = \frac{9}{4} ÷ 3 = \frac{9÷3}{4} = \frac{3}{4}$

· 대분수를 가분수로 바꾸었을 때 분자가 자연수의 배수가 아닌 (대분수)÷(자연수)

$1\frac{3}{4} ÷ 2 = \frac{7}{4} ÷ 2 = \frac{14}{8} ÷ 2 = \frac{14÷2}{8} = \frac{7}{8}$

· 분수의 곱셈으로 계산하기

$1\frac{2}{3} ÷ 4 = \frac{5}{3} ÷ 4 = \frac{5}{3} × \frac{1}{4} = \frac{5}{12}$

1 □ 안에 알맞은 수를 써넣어 $1\frac{4}{5}$ ÷2를 계산해 보세요.

❶ $1\frac{4}{5} ÷ 2 = \frac{\boxed{9}}{5} ÷ 2 = \frac{\boxed{18}}{10} ÷ 2 = \frac{\boxed{18}÷2}{10} = \frac{\boxed{9}}{10}$

❷ $1\frac{4}{5} ÷ 2 = \frac{\boxed{9}}{5} ÷ 2 = \frac{9}{5} × \frac{1}{\boxed{2}} = \frac{\boxed{9}}{10}$

2 분수의 나눗셈을 바르게 계산한 식에는 ○표, 잘못 계산한 식에는 ×표 하세요.

> $1\frac{4}{9} ÷ 3 = \frac{13}{9} × \frac{1}{3} = \frac{13}{27}$ (O)
>
> $4\frac{5}{6} ÷ 5 = 4\frac{5}{6} × \frac{1}{5} = 4\frac{1}{6}$ (X)

▶ 대분수를 가분수로 나타낸 다음 약분하여 계산합니다.

3 몫을 기약분수로 나타내어 보세요.

❶ $2\frac{2}{5} ÷ 3 = \frac{4}{5}$ ❷ $3\frac{4}{7} ÷ 5 = \frac{5}{7}$

▶ ❶ $2\frac{2}{5} ÷ 3 = \frac{12}{5} × \frac{1}{3} = \frac{12}{15} = \frac{4}{5}$ ❷ $3\frac{4}{7} ÷ 5 = \frac{25}{7} × \frac{1}{5} = \frac{25}{35} = \frac{5}{7}$

4 잘못 계산한 곳을 찾아 바르게 계산해 보세요.

> $1\frac{6}{7} ÷ 3 = 1\frac{6÷3}{7} = 1\frac{2}{7}$

($1\frac{6}{7} ÷ 3 = \frac{13}{7} ÷ 3 = \frac{13}{7} × \frac{1}{3} = \frac{13}{21}$)

▶ 대분수를 가분수로 바꾸지 않고 계산하여 잘못되었습니다. 대분수는 가분수로 바꾸어 계산해야 합니다.

5 나눗셈의 몫이 큰 것부터 순서대로 기호를 써 보세요.

> ㉠ $1\frac{4}{5} ÷ 9$ ㉡ $9\frac{4}{5} ÷ 7$ ㉢ $4\frac{2}{5} ÷ 2$ ㉣ $3\frac{1}{5} ÷ 8$

(㉢, ㉡, ㉣, ㉠)

▶ ㉠ $1\frac{4}{5} ÷ 9 = \frac{9}{5} × \frac{1}{9} = \frac{9}{45}\left(=\frac{1}{5}\right)$ ㉡ $9\frac{4}{5} ÷ 7 = \frac{49}{5} × \frac{1}{7} = \frac{49}{35}\left(=\frac{7}{5}\right)$

㉢ $4\frac{2}{5} ÷ 2 = \frac{22}{5} × \frac{1}{2} = \frac{22}{10}\left(=\frac{11}{5}\right)$ ㉣ $3\frac{1}{5} ÷ 8 = \frac{16}{5} × \frac{1}{8} = \frac{16}{40}\left(=\frac{2}{5}\right)$

몫이 큰 것부터 순서대로 나열하면 ㉢, ㉡, ㉣, ㉠입니다.

6 직사각형의 넓이가 $2\frac{7}{8}$ m²입니다. 가로의 길이가 4 m일 때, 세로의 길이는 몇 m인지 구해 보세요.

($\frac{23}{32}$) m

▶ (세로)= $2\frac{7}{8} ÷ 4 = \frac{23}{8} × \frac{1}{4} = \frac{23}{32}$ (m)

1. 분수의 나눗셈 **연습 문제**

[1~8] (자연수)÷(자연수)를 계산해 보세요.

1 $1÷3=\dfrac{1}{3}$

2 $1÷9=\dfrac{1}{9}$

3 $2÷3=\dfrac{2}{3}$

4 $9÷25=\dfrac{9}{25}$

5 $4÷9=\dfrac{4}{9}$

6 $30÷7=\dfrac{30}{7}\left(=4\dfrac{2}{7}\right)$

7 $17÷8=\dfrac{17}{8}\left(=2\dfrac{1}{8}\right)$

8 $21÷5=\dfrac{21}{5}\left(=4\dfrac{1}{5}\right)$

[9~16] (진분수)÷(자연수)를 계산해 보세요.

9 $\dfrac{1}{5}÷4=\dfrac{1}{20}$
▶ $\dfrac{1}{5}÷4=\dfrac{1}{5}×\dfrac{1}{4}=\dfrac{1}{20}$

10 $\dfrac{9}{13}÷3=\dfrac{9}{39}\left(=\dfrac{3}{13}\right)$
▶ $\dfrac{9}{13}÷3=\dfrac{9}{13}×\dfrac{1}{3}=\dfrac{9}{39}\left(=\dfrac{3}{13}\right)$

11 $\dfrac{12}{17}÷8=\dfrac{12}{136}\left(=\dfrac{3}{34}\right)$
▶ $\dfrac{12}{17}÷8=\dfrac{12}{17}×\dfrac{1}{8}=\dfrac{12}{136}\left(=\dfrac{3}{34}\right)$

12 $\dfrac{4}{5}÷6=\dfrac{4}{30}\left(=\dfrac{2}{15}\right)$
▶ $\dfrac{4}{5}÷6=\dfrac{4}{5}×\dfrac{1}{6}=\dfrac{4}{30}\left(=\dfrac{2}{15}\right)$

13 $\dfrac{9}{11}÷6=\dfrac{9}{66}\left(=\dfrac{3}{22}\right)$
▶ $\dfrac{9}{11}÷6=\dfrac{9}{11}×\dfrac{1}{6}=\dfrac{9}{66}\left(=\dfrac{3}{22}\right)$

14 $\dfrac{15}{22}÷10=\dfrac{15}{220}\left(=\dfrac{3}{44}\right)$
▶ $\dfrac{15}{22}÷10=\dfrac{15}{22}×\dfrac{1}{10}=\dfrac{15}{220}\left(=\dfrac{3}{44}\right)$

15 $\dfrac{7}{24}÷2=\dfrac{7}{48}$
▶ $\dfrac{7}{24}÷2=\dfrac{7}{24}×\dfrac{1}{2}=\dfrac{7}{48}$

16 $\dfrac{5}{16}÷20=\dfrac{5}{320}\left(=\dfrac{1}{64}\right)$
▶ $\dfrac{5}{16}÷20=\dfrac{5}{16}×\dfrac{1}{20}=\dfrac{5}{320}\left(=\dfrac{1}{64}\right)$

[17~24] (가분수)÷(자연수)를 계산해 보세요.

17 $\dfrac{18}{13}÷3=\dfrac{18}{39}\left(=\dfrac{6}{13}\right)$
▶ $\dfrac{18}{13}÷3=\dfrac{18}{13}×\dfrac{1}{3}=\dfrac{18}{39}\left(=\dfrac{6}{13}\right)$

18 $\dfrac{12}{11}÷6=\dfrac{12}{66}\left(=\dfrac{2}{11}\right)$
▶ $\dfrac{12}{11}÷6=\dfrac{12}{11}×\dfrac{1}{6}=\dfrac{12}{66}\left(=\dfrac{2}{11}\right)$

19 $\dfrac{36}{7}÷12=\dfrac{36}{84}\left(=\dfrac{3}{7}\right)$
▶ $\dfrac{36}{7}÷12=\dfrac{36}{7}×\dfrac{1}{12}=\dfrac{36}{84}\left(=\dfrac{3}{7}\right)$

20 $\dfrac{25}{17}÷5=\dfrac{25}{85}\left(=\dfrac{5}{17}\right)$
▶ $\dfrac{25}{17}÷5=\dfrac{25}{17}×\dfrac{1}{5}=\dfrac{25}{85}\left(=\dfrac{5}{17}\right)$

21 $\dfrac{8}{3}÷16=\dfrac{8}{48}\left(=\dfrac{1}{6}\right)$
▶ $\dfrac{8}{3}÷16=\dfrac{8}{3}×\dfrac{1}{16}=\dfrac{8}{48}\left(=\dfrac{1}{6}\right)$

22 $\dfrac{55}{16}÷15=\dfrac{55}{240}\left(=\dfrac{11}{48}\right)$
▶ $\dfrac{55}{16}÷15=\dfrac{55}{16}×\dfrac{1}{15}=\dfrac{55}{240}\left(=\dfrac{11}{48}\right)$

23 $\dfrac{42}{17}÷2=\dfrac{21}{17}\left(=1\dfrac{4}{17}\right)$
▶ $\dfrac{42}{17}÷2=\dfrac{42}{17}×\dfrac{1}{2}=\dfrac{42}{34}=\dfrac{21}{17}\left(=1\dfrac{4}{17}\right)$

24 $\dfrac{9}{8}÷12=\dfrac{9}{96}\left(=\dfrac{3}{32}\right)$
▶ $\dfrac{9}{8}÷12=\dfrac{9}{8}×\dfrac{1}{12}=\dfrac{9}{96}\left(=\dfrac{3}{32}\right)$

[25~32] (대분수)÷(자연수)를 계산해 보세요.

25 $2\dfrac{1}{4}÷2=\dfrac{9}{8}\left(=1\dfrac{1}{8}\right)$
▶ $2\dfrac{1}{4}÷2=\dfrac{9}{4}×\dfrac{1}{2}=\dfrac{9}{8}\left(=1\dfrac{1}{8}\right)$

26 $7\dfrac{2}{3}÷6=\dfrac{23}{18}\left(=1\dfrac{5}{18}\right)$
▶ $7\dfrac{2}{3}÷6=\dfrac{23}{3}×\dfrac{1}{6}=\dfrac{23}{18}\left(=1\dfrac{5}{18}\right)$

27 $5\dfrac{3}{7}÷8=\dfrac{38}{56}\left(=\dfrac{19}{28}\right)$
▶ $5\dfrac{3}{7}÷8=\dfrac{38}{7}×\dfrac{1}{8}=\dfrac{38}{56}\left(=\dfrac{19}{28}\right)$

28 $6\dfrac{2}{11}÷4=\dfrac{17}{11}\left(=1\dfrac{6}{11}\right)$
▶ $6\dfrac{2}{11}÷4=\dfrac{68}{11}×\dfrac{1}{4}=\dfrac{68}{44}=\dfrac{17}{11}\left(=1\dfrac{6}{11}\right)$

29 $8\dfrac{4}{9}÷6=\dfrac{38}{27}\left(=1\dfrac{11}{27}\right)$
▶ $8\dfrac{4}{9}÷6=\dfrac{76}{9}×\dfrac{1}{6}=\dfrac{76}{54}=\dfrac{38}{27}\left(=1\dfrac{11}{27}\right)$

30 $4\dfrac{7}{9}÷7=\dfrac{43}{63}$
▶ $4\dfrac{7}{9}÷7=\dfrac{43}{9}×\dfrac{1}{7}=\dfrac{43}{63}$

31 $4\dfrac{2}{5}÷2=\dfrac{11}{5}\left(=2\dfrac{1}{5}\right)$
▶ $4\dfrac{2}{5}÷2=\dfrac{22}{5}×\dfrac{1}{2}=\dfrac{22}{10}=\dfrac{11}{5}\left(=2\dfrac{1}{5}\right)$

32 $3\dfrac{5}{12}÷5=\dfrac{41}{60}$
▶ $3\dfrac{5}{12}÷5=\dfrac{41}{12}×\dfrac{1}{5}=\dfrac{41}{60}$

---

1. 분수의 나눗셈 **단원 평가**

1 나눗셈을 그림으로 나타내고 몫을 분수로 나타내어 보세요.

❶ $1÷8$ 예) 답 $\dfrac{1}{8}$

❷ $5÷3$ 답 $1\dfrac{2}{3}$

2 수직선을 보고 □ 안에 알맞은 수를 써넣으세요.

$\dfrac{6}{7}÷2=\dfrac{3}{7}$

3 □ 안에 알맞은 수를 써넣으세요.

❶ $\dfrac{10}{11}÷5=\dfrac{10÷5}{11}=\dfrac{2}{11}$

❷ $\dfrac{21}{8}÷7=\dfrac{21÷7}{8}=\dfrac{3}{8}$

4 □ 안에 알맞은 수를 써넣으세요.

$\dfrac{15}{13}÷2=\dfrac{15×2}{13×2}÷2=\dfrac{30÷2}{26}=\dfrac{15}{26}$

5 몫을 기약분수로 나타내어 보세요.

❶ $8÷15=\dfrac{8}{15}$

❷ $\dfrac{7}{12}÷5=\dfrac{7}{60}$

❸ $\dfrac{45}{4}÷9=\dfrac{5}{4}\left(=1\dfrac{1}{4}\right)$

❹ $8\dfrac{2}{5}÷7=\dfrac{6}{5}\left(=1\dfrac{1}{5}\right)$

▶ ❸ $\dfrac{45}{4}÷9=\dfrac{45}{4}×\dfrac{1}{9}=\dfrac{45}{36}=\dfrac{5}{4}\left(=1\dfrac{1}{4}\right)$ ❹ $8\dfrac{2}{5}÷7=\dfrac{42}{5}×\dfrac{1}{7}=\dfrac{42}{35}=\dfrac{6}{5}\left(=1\dfrac{1}{5}\right)$

6 몫이 1보다 작은 분수의 나눗셈식을 모두 찾아 기호를 써 보세요.

| ㉠ $\dfrac{3}{5}÷9$ | ㉡ $21÷8$ | ㉢ $7\dfrac{2}{3}÷8$ | ㉣ $\dfrac{36}{5}÷6$ |

▶ ㉠ $\dfrac{3}{5}×\dfrac{1}{9}=\dfrac{3}{45}\left(=\dfrac{1}{15}\right)$ ㉡ $21×\dfrac{1}{8}=\dfrac{21}{8}\left(=2\dfrac{5}{8}\right)$ (㉠, ㉢)
㉢ $7\dfrac{2}{3}×\dfrac{1}{8}=\dfrac{23}{3}×\dfrac{1}{8}=\dfrac{23}{24}$ ㉣ $\dfrac{36}{5}×\dfrac{1}{6}=\dfrac{36}{30}=\dfrac{6}{5}\left(=1\dfrac{1}{5}\right)$이므로
몫이 1보다 작은 것은 ㉠, ㉢입니다.

7 둘레가 $2\dfrac{1}{10}$ cm인 정삼각형이 있습니다. 이 정삼각형의 한 변의 길이는 몇 cm인지 구해 보세요.
($\dfrac{21}{30}\left(=\dfrac{7}{10}\right)$) cm

▶ 정삼각형은 세 변의 길이가 같으므로 둘레를 3으로 나누면
(정삼각형의 한 변의 길이)$=2\dfrac{1}{10}÷3=\dfrac{21}{10}÷3=\dfrac{21}{10}×\dfrac{1}{3}=\dfrac{21}{30}\left(=\dfrac{7}{10}\right)$ (cm)

8 넓이가 11 m²인 텃밭을 똑같이 4부분으로 나눈 후 다음과 같이 고추와 호박을 심었습니다. 호박을 심은 부분의 넓이는 몇 m²인지 구해 보세요.

고추	호박
호박	호박

($\dfrac{33}{4}\left(=8\dfrac{1}{4}\right)$) m²

▶ (호박을 심은 부분의 넓이)$=11÷4×3=11×\dfrac{1}{4}×3=\dfrac{11}{4}×3=\dfrac{33}{4}\left(=8\dfrac{1}{4}\right)$ (m²)

1. 분수의 나눗셈 **실력 키우기**

1 □ 안에 들어갈 수 있는 자연수는 모두 몇 개인가요?

$$\dfrac{\square}{6} < 5\dfrac{5}{6} \div 7$$

▶ $5\dfrac{5}{6} \div 7 = \dfrac{35}{6} \times \dfrac{1}{7} = \dfrac{35}{42}\left(=\dfrac{5}{6}\right)$　　　　　(　4　)개

$\dfrac{\square}{6} < \dfrac{5}{6}$ 이므로 □ 안에 들어갈 수 있는 수는 1, 2, 3, 4로 모두 4개입니다.

2 어떤 수를 9로 나누어야 할 것을 잘못하여 곱했더니 36이 되었습니다. 어떤 수를 구하고 바르게 계산한 몫을 분수로 구해 보세요.

▶ 어떤 수를 □라고 하면 □×9=36이므로 □=4입니다.　　어떤 수 [4]
바르게 계산하면 $4 \div 9 = 4 \times \dfrac{1}{9} = \dfrac{4}{9}$ 입니다.　　바르게 계산한 몫 $\left[\dfrac{4}{9}\right]$

3 가장 작은 수를 가장 큰 수로 나눈 몫을 구해 보세요.

$$2\dfrac{2}{5} \qquad 6 \qquad 4\dfrac{2}{9} \qquad 1\dfrac{7}{11}$$

▶ 가장 작은 수는 $1\dfrac{7}{11}$, 가장 큰 수는 6입니다.　　　($\dfrac{18}{66}\left(=\dfrac{3}{11}\right)$)

(가장 작은 수)÷(가장 큰 수)$=1\dfrac{7}{11} \div 6 = \dfrac{18}{11} \times \dfrac{1}{6} = \dfrac{18}{66}\left(=\dfrac{3}{11}\right)$

4 민지와 윤주가 화단을 꾸미기로 했습니다. 각각 장미를 심은 넓이를 구하고, 장미를 심은 화단의 넓이가 더 넓은 친구는 누구인지 구해 보세요.

> 민지: 나는 15 m²인 화단을 똑같이 넷으로 나누어 장미, 개나리, 튤립, 국화를 심었어.
> 윤주: 나는 11 m²인 화단을 똑같이 셋으로 나누어 장미, 봉선화, 튤립을 심었어.

민지네 화단에 장미를 심은 넓이 ($\dfrac{15}{4}\left(=3\dfrac{3}{4}\right)$) m²
윤주네 화단에 장미를 심은 넓이 ($\dfrac{11}{3}\left(=3\dfrac{2}{3}\right)$) m²
장미를 심은 화단의 넓이가 더 넓은 친구 (민지)

▶ 민지네 화단은 15 m²이고 똑같이 넷으로 나눈 것 중 하나에 장미를 심었으므로 $15 \div 4 = 15 \times \dfrac{1}{4} = \dfrac{15}{4}\left(=3\dfrac{3}{4}\right)$ (m²)입니다.
윤주네 화단은 11 m²이고 똑같이 셋으로 나눈 것 중 하나에 장미를 심었으므로 $11 \div 3 = 11 \times \dfrac{1}{3} = \dfrac{11}{3}\left(=3\dfrac{2}{3}\right)$ (m²)입니다.
$3\dfrac{3}{4}$ 과 $3\dfrac{2}{3}$ 의 크기를 통분하여 비교하면 $3\dfrac{3}{4}=3\dfrac{9}{12}$, $3\dfrac{2}{3}=3\dfrac{8}{12}$ 이므로 민지네 화단이 더 넓습니다.

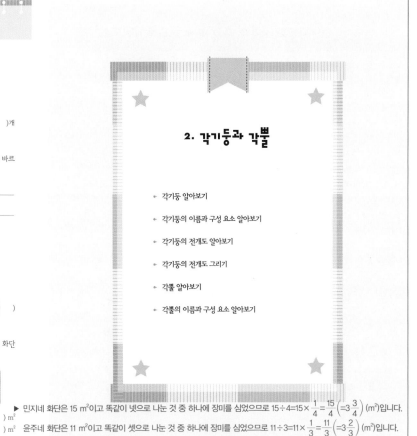

2. 각기둥과 각뿔

* 각기둥 알아보기
* 각기둥의 이름과 구성 요소 알아보기
* 각기둥의 전개도 알아보기
* 각기둥의 전개도 그리기
* 각뿔 알아보기
* 각뿔의 이름과 구성 요소 알아보기

---

2. 각기둥과 각뿔 **각기둥 알아보기**

서로 평행한 두 면이 합동인 다각형으로 이루어진 입체도형을 각기둥이라고 합니다.
• 밑면: 면 ㄱㄴㄷ과 면 ㄹㅁㅂ과 같이 서로 평행하고 합동인 두 면으로 두 밑면은 나머지 면들과 수직으로 만납니다.
• 옆면: 면 ㄱㄹㅁㄴ, 면 ㄴㄷㅂㅁ과 면 ㄱㄹㅂㄷ과 같이 두 밑면과 만나는 면으로 각기둥의 옆면은 모두 직사각형입니다.

1 도형을 보고 물음에 답하세요.

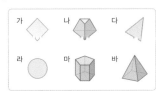

가　　나　　다
라　　마　　바

❶ 입체도형을 모두 찾아 기호를 써 보세요.
(나, 마, 바)

❷ 밑면이 서로 평행하고 합동이며, 옆면은 직사각형인 입체도형을 찾아 기호를 써 보세요.
(마)

2 다음 도형 중 각기둥에 모두 ○표 하세요.

(○)　( )　(○)　( )

▶ 위와 아래에 있는 면이 서로 평행하고 합동인 면으로 이루어진 입체도형을 찾아 봅니다.

3 각기둥을 보고 □ 안에 알맞은 말을 써넣으세요.

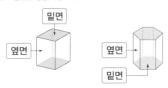

4 각기둥을 보고 물음에 답하세요.

❶ 밑면을 모두 찾아 써 보세요.
(면 ㄱㄴㄷ, 면 ㄹㅁㅂ)

❷ 밑면에 수직인 면을 모두 찾아 써 보세요.
(면 ㄱㄴㅁㄹ, 면 ㄴㄷㅂㅁ, 면 ㄱㄹㅂㄷ)

5 각기둥에 대하여 바르게 설명한 것을 모두 찾아 기호를 써 보세요.

> ㉠ 각기둥의 밑면의 개수는 1개입니다. ▶ 밑면의 개수는 2개입니다.
> ㉡ 두 밑면은 서로 평행하고 합동입니다.
> ㉢ 옆면의 모양은 삼각형, 사각형, 오각형 등의 다각형입니다. ▶ 옆면의 모양은 직사각형입니다.
> ㉣ 밑면은 나머지 면들과 수직으로 만납니다.

(㉡, ㉣)

6 겨냥도를 바르게 그린 것을 찾아 기호를 써 보세요.

가　　나　　다　　라

▶ 겨냥도를 그릴 때 보이는 모서리는 실선으로, 보이지 않는 모서리는 점선으로 그립니다.
(가)

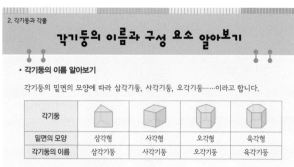

2. 각기둥과 각뿔

각기둥의 이름과 구성 요소 알아보기

• 각기둥의 이름 알아보기

각기둥의 밑면의 모양에 따라 삼각기둥, 사각기둥, 오각기둥……이라고 합니다.

각기둥	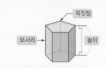			
밑면의 모양	삼각형	사각형	오각형	육각형
각기둥의 이름	삼각기둥	사각기둥	오각기둥	육각기둥

• 각기둥의 구성 요소 알아보기

• 모서리: 면과 면이 만나는 선분
• 꼭짓점: 모서리와 모서리가 만나는 점
• 높이: 두 밑면 사이의 거리

1 각기둥을 보고 물음에 답하세요.

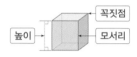

❶ 밑면은 어떤 모양인가요?

(육각형)

❷ 각기둥의 이름을 써 보세요.

(육각기둥)

2 □ 안에 알맞은 말을 써넣으세요.

꼭짓점
높이
모서리

3 각기둥의 이름을 써 보세요.

❶

(사각기둥)

❷

(칠각기둥)

4 각기둥의 구성 요소의 수에서 규칙을 찾으려고 합니다. 물음에 답하세요.

❶ 표를 완성해 보세요.

도형	삼각기둥	사각기둥	오각기둥	육각기둥
한 밑면의 변의 수(개)	3	4	5	6
면의 수(개)	5	6	7	8
모서리의 수(개)	9	12	15	18
꼭짓점의 수(개)	6	8	10	12

❷ 규칙을 찾아 식으로 나타내어 보세요.

• (면의 수)=(한 밑면의 변의 수)+ 2

• (모서리의 수)=(한 밑면의 변의 수)× 3

• (꼭짓점의 수)=(한 밑면의 변의 수)× 2

5 각기둥의 높이는 몇 cm인가요?

(7) cm

▶ 두 밑면 사이의 거리가 높이입니다.

---

2. 각기둥과 각뿔

각기둥의 전개도 알아보기

각기둥의 모서리를 잘라서 평면 위에 펼쳐 놓은 그림을 각기둥의 전개도라고 합니다.

서로 맞닿는 모서리의 길이는 같아야 해요.

• 자른 부분은 실선, 접히는 부분은 점선으로 나타냅니다.
• 어느 모서리를 자르는가에 따라 여러 가지 모양의 전개도가 나올 수 있습니다.

1 그림과 같이 각기둥의 모서리를 잘라서 펼쳐 놓은 그림을 무엇이라고 하나요?

(각기둥의 전개도)

2 어떤 입체도형의 전개도인지 이름을 써 보세요.

❶

(오각기둥)

❷

(육각기둥)

▶ 합동인 두 밑면의 모양이 육각형이므로 육각기둥입니다.

3 보기 에서 알맞은 말을 골라 □ 안에 써넣으세요.

보기
높이
밑면
옆면

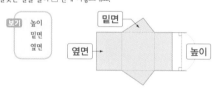

밑면
옆면
높이

4 전개도를 보고 물음에 답하세요.

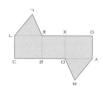

❶ 전개도를 접었을 때 선분 ㄱㄴ과 맞닿는 선분을 찾아 써 보세요.

(선분 ㅈㅇ)

❷ 전개도를 접었을 때 면 ㅁㅂㅅ과 수직으로 만나는 면을 모두 찾아 써 보세요.

(면 ㄴㄷㄹㅊ, 면 ㅊㄹㅁㅈ, 면 ㅈㅁㅅㅇ)

▶ 밑면은 옆면과 수직으로 만나므로 옆면을 모두 찾아 씁니다.

5 각기둥을 만들 수 없는 전개도를 찾아 기호를 쓰고, 이유를 써 보세요.

가   나

기호 (가)

이유 예 밑면이 겹치기 때문에 각기둥을 만들 수 없습니다.

2. 각기둥과 각뿔

각기둥의 전개도 그리기

• 각기둥의 전개도를 그리는 방법

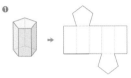

• 잘린 모서리는 실선으로, 잘리지 않은 모서리는 점선으로 그립니다.
• 두 밑면은 서로 합동이 되도록 그립니다.
• 옆면은 모두 직사각형으로 그립니다.
• 밑면의 변의 수와 옆면의 수를 같게 그립니다.
• 전개도를 접었을 때 맞닿는 선분의 길이는 같게 그립니다.

1 전개도를 완성해 보세요.

❶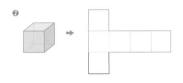

❷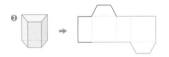

❸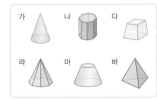

2 주어진 사각기둥의 전개도를 완성해 보세요.

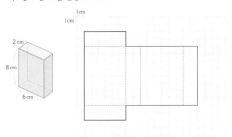

3 주어진 삼각기둥의 전개도를 2가지 방법으로 그려 보세요.

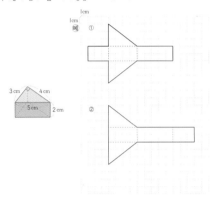

---

2. 각기둥과 각뿔

각뿔 알아보기

밑면이 다각형인 뿔 모양의 입체도형을 각뿔이라고 합니다.
• 밑면: 면 ㄴㄷㄹㅁ과 같은 면
• 옆면: 면 ㄱㄴㄷ, 면 ㄱㄷㄹ, 면 ㄱㄹㅁ, 면 ㄱㄴㅁ과 같이 밑면과 만나는 면으로 각뿔의 옆면은 모두 삼각형입니다.
• 각뿔의 옆면은 모두 한 점에서 만나고, 이 점과 마주 보는 면이 밑면입니다.

1 도형을 보고 각뿔을 모두 찾아 기호를 써 보세요.

가   나   다

라   마   바

(라, 바)

2 각뿔의 밑면은 ○표, 옆면은 △표 하세요.

3 각뿔의 밑면이 면 ㄱㄷㄹ일 때 옆면을 모두 찾아 써 보세요.

(면 ㄴㄷㄹ, 면 ㄴㄷㄱ, 면 ㄴㄹㄱ)

4 각뿔을 보고 바르게 설명한 것을 모두 찾아 기호를 써 보세요.

㉠ 각뿔의 밑면은 삼각형입니다. ▶ 밑면은 사각형입니다.
㉡ 각뿔의 밑면은 면 ㄴㄷㄹㅁ입니다.
㉢ 각뿔의 옆면은 모두 5개입니다. ▶ 옆면은 4개입니다.
㉣ 각뿔의 옆면은 모두 점 ㄱ에서 만납니다.

(㉡, ㉣)

5 각뿔을 보고 빈칸에 알맞은 수 또는 말을 써 보세요.

가   나   다   라

도형	밑면의 모양	옆면의 수(개)
가	삼각형	3
나	사각형	4
다	오각형	5
라	육각형	6

2. 각기둥과 각뿔

각뿔의 이름과 구성 요소 알아보기

• 각뿔의 이름 알아보기

각뿔의 밑면의 모양에 따라 이름을 삼각뿔, 사각뿔, 오각뿔……이라고 합니다.

각뿔				
밑면의 모양	삼각형	사각형	오각형	육각형
각뿔의 이름	삼각뿔	사각뿔	오각뿔	육각뿔

• 각뿔의 구성 요소 알아보기

각뿔의 꼭짓점
높이
모서리
꼭짓점

• 모서리: 면과 면이 만나는 선분
• 꼭짓점: 모서리와 모서리가 만나는 점
• 각뿔의 꼭짓점: 꼭짓점 중에서 옆면이 모두 만나는 점
• 높이: 각뿔의 꼭짓점에서 밑면에 수직인 선분의 길이

1 각뿔의 이름을 써 보세요.

❶
(팔각뿔)

❷
(삼각뿔)

2 각뿔에 대한 설명으로 옳은 것에는 ○표, 틀린 것에는 ✕표 하세요.

• 각뿔의 꼭짓점에서 밑면에 수직으로 그은 선분은 높이입니다. (○)
• 밑면은 2개입니다. (✕)
• 밑면과 옆면은 수직으로 만납니다. (✕)
• 옆면은 모두 삼각형입니다. (○)

3 각뿔의 구성 요소의 수에서 규칙을 찾으려고 합니다. 물음에 답하세요.

❶ 표를 완성해 보세요.

도형	삼각뿔	사각뿔	오각뿔	육각뿔
밑면의 변의 수(개)	3	4	5	6
면의 수(개)	4	5	6	7
모서리의 수(개)	6	8	10	12
꼭짓점의 수(개)	4	5	6	7

❷ 규칙을 찾아 식으로 나타내어 보세요.

• (면의 수)=(밑면의 변의 수)+ 1
• (모서리의 수)=(밑면의 변의 수)× 2
• (꼭짓점의 수)=(밑면의 변의 수)+ 1

4 설명하는 입체도형의 이름을 써 보세요.

> • 밑면의 변의 수는 5개입니다.
> • 면의 수는 모두 6개입니다.
> • 모서리의 수는 10개입니다.
> • 옆면의 모양은 모두 삼각형입니다.

(오각뿔)

▶ 밑면의 변의 수가 5개이므로 밑면은 오각형입니다.
밑면이 오각형이고 옆면의 모양이 삼각형인 입체도형은 오각뿔입니다.

---

2. 각기둥과 각뿔

연습 문제

[1~4] 입체도형의 이름을 써 보세요.

1
(오각기둥)

2
(삼각기둥)

3
(육각뿔)

4
(팔각뿔)

[5~8] 어떤 입체도형의 전개도인지 이름을 써 보세요.

5
(사각기둥)

6
(오각기둥)

7
(삼각기둥)

8
(육각기둥)

[9~12] 도형을 보고 빈칸에 알맞은 수를 써넣으세요.

9
한 밑면의 변의 수(개)	6
면의 수(개)	8
모서리의 수(개)	18
꼭짓점의 수(개)	12

10
한 밑면의 변의 수(개)	4
면의 수(개)	6
모서리의 수(개)	12
꼭짓점의 수(개)	8

11
밑면의 변의 수(개)	3
면의 수(개)	4
모서리의 수(개)	6
꼭짓점의 수(개)	4

12
밑면의 변의 수(개)	6
면의 수(개)	7
모서리의 수(개)	12
꼭짓점의 수(개)	7

2. 각기둥과 각뿔　　단원 평가

1 도형을 보고 빈칸에 알맞은 기호를 써넣으세요.

각기둥	각뿔
가, 나, 다, 사	라, 바, 아

2 그림을 보고 □ 안에 알맞은 말을 써넣으세요.

❶

❷ 각뿔의 꼭짓점

3 가에 대한 설명에는 '가', 나에 대한 설명에는 '나'라고 써넣으세요.

- 밑면이 2개입니다. (**가**)
- 옆면은 모두 삼각형입니다. (**나**)
- 두 밑면은 서로 평행하고 합동입니다. (**가**)
- 옆면이 모두 한 점에서 만납니다. (**나**)

4 설명하는 입체도형의 이름을 써 보세요.

- 밑면은 1개입니다.
- 옆면의 모양은 모두 삼각형입니다.
- 모서리의 수는 16개입니다.
- 밑면의 모양은 팔각형입니다.

(**팔각뿔**)

5 각기둥의 전개도를 접었을 때, 선분 ㄱㄴ, 선분 ㅋㅊ, 선분 ㅇㅈ과 만나는 선분을 각각 써 보세요.

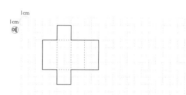

선분 ㄱㄴ	선분 ㄷㄴ
선분 ㅋㅊ	선분 ㄷㄹ
선분 ㅇㅈ	선분 ㅇㅅ

6 한 변의 길이가 2 cm인 정사각형을 밑면으로 하고, 높이가 4 cm인 사각기둥의 전개도를 그려 보세요.

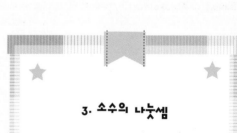

38

39

---

2. 각기둥과 각뿔　　실력 키우기

1 전개도를 접었을 때, □ 안에 알맞은 수를 써넣으세요.

2 한 밑면의 모양이 다음과 같은 각기둥이 있습니다. ㉠+㉡+㉢은 얼마인지 구해 보세요.

㉠ 면의 수
㉡ 모서리의 수
㉢ 꼭짓점의 수

(**32**)

3 밑면의 변의 수가 8개인 각뿔의 꼭짓점은 모두 몇 개인지 구해 보세요.

▶ 각뿔의 꼭짓점의 수는 (밑면의 변의 수)+1입니다.

(**9**)개

4 주어진 입체도형의 전개도를 그려 보세요.

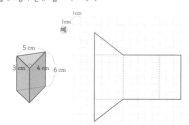

3. 소수의 나눗셈

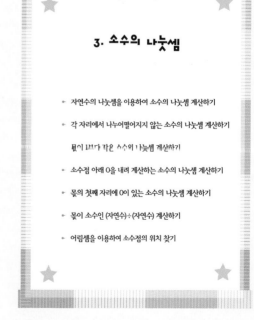

- 자연수의 나눗셈을 이용하여 소수의 나눗셈 계산하기
- 각 자리에서 나누어떨어지지 않는 소수의 나눗셈 계산하기
- 몫이 1보다 작은 소수의 나눗셈 계산하기
- 소수점 아래 0을 내려 계산하는 소수의 나눗셈 계산하기
- 몫의 첫째 자리에 0이 있는 소수의 나눗셈 계산하기
- 몫이 소수인 (자연수)÷(자연수) 계산하기
- 어림셈을 이용하여 소수점의 위치 찾기

40

3. 소수의 나눗셈

자연수의 나눗셈을 이용하여 소수의 나눗셈 계산하기

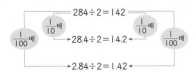

- 나누어지는 수가 $\frac{1}{10}$ 배 ➡ 몫도 $\frac{1}{10}$ 배: 몫의 소수점은 왼쪽으로 한 칸 이동합니다.
- 나누어지는 수가 $\frac{1}{100}$ 배 ➡ 몫도 $\frac{1}{100}$ 배: 몫의 소수점은 왼쪽으로 두 칸 이동합니다.

1 끈 63.9 cm를 3명에게 똑같이 나누어 주려고 합니다. 한 명이 가질 수 있는 끈의 길이는 몇 cm인지 구해 보세요.

1 cm=10 mm이므로 63.9 cm=639 mm입니다.

639÷3= 213

한 명에게 줄 수 있는 끈은 213 mm이므로 21.3 cm입니다.

2 끈 6.39 m를 3명에게 똑같이 나누어 주려고 합니다. 한 명이 가질 수 있는 끈의 길이는 몇 m인지 구해 보세요.

1 m=100 cm이므로 6.39 m=639 cm입니다.

639÷3= 213

한 명에게 줄 수 있는 끈은 213 cm이므로 2.13 m입니다.

3 자연수의 나눗셈을 이용하여 소수의 나눗셈을 계산하였습니다. □ 안에 알맞은 수를 써넣으세요.

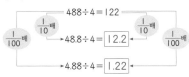

4 □ 안에 알맞은 수를 써넣으세요.

❶
846÷2=423
84.6÷2= 42.3
8.46÷2= 4.23

❷
963÷3=321
96.3 ÷3=32.1
9.63 ÷3=3.21

5 □ 안에 알맞은 수를 써넣으세요.

$\frac{1}{100}$배
816÷8= 102
8.16÷8= 1.02
$\frac{1}{100}$배

6 리본 45.55 m를 5명이 똑같이 나누어 가지려고 합니다. 한 명이 가질 수 있는 리본은 몇 m인지 구해 보세요.

▶ 4555÷5=911입니다. (9.11) m

나누어지는 수를 $\frac{1}{100}$ 배하면 몫도 $\frac{1}{100}$ 배가 되므로 45.55÷5=9.11입니다.

---

3. 소수의 나눗셈

각 자리에서 나누어떨어지지 않는 소수의 나눗셈 계산하기

- **분수의 나눗셈으로 바꾸어 계산하기**
  - 소수 한 자리 수는 분모가 10인 분수로 바꾸어 계산합니다.

$$■.▲÷★=\frac{■▲}{10}÷★$$

  - 소수 두 자리 수는 분모가 100인 분수로 바꾸어 계산합니다.

$$■.▲♥÷★=\frac{■▲♥}{100}÷★$$

- **자연수의 나눗셈을 이용하여 계산하기**

나누어지는 수가 $\frac{1}{100}$ 배가 되면 몫도 $\frac{1}{100}$ 배가 됩니다.

$$1716÷4=429 \qquad 17.16÷4=4.29$$

- **세로셈으로 계산하기**

자연수의 나눗셈과 같은 방법으로 계산하고, 같은 자리에 소수점을 찍습니다.

```
    1 1 3          1 1 3
5) 5 6 5   ➡   5) 5 6 5
   5              5
   ─              ─
     6              6
     5              5
     ─              ─
     1 5            1 5
     1 5            1 5
     ───            ───
       0              0
```

1 □ 안에 알맞은 수를 써넣으세요.

$$7.2÷6=\frac{72}{10}÷6=\frac{72÷6}{10}=\frac{12}{10}=1.2$$

2 소수의 나눗셈을 분수의 나눗셈으로 바꾸어 계산하였습니다. 바르게 계산한 것의 기호를 써 보세요.

㉠ $21.84÷7=\frac{2184}{10}÷7=\frac{2184÷7}{10}=\frac{312}{10}=31.2$

㉡ $51.6÷4=\frac{516}{10}÷4=\frac{516÷4}{10}=\frac{129}{10}=12.9$

(㉡)

▶ ㉠ $21.84÷7=\frac{2184}{100}÷7=\frac{2184÷7}{100}=\frac{312}{100}=3.12$입니다.

3 □ 안에 알맞은 수를 써넣으세요.

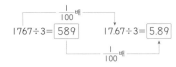

$$1767÷3= 589 \qquad 17.67÷3= 5.89$$

4 □ 안에 알맞은 수를 써넣으세요.

❶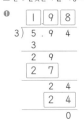

```
      1 9 8
  3) 5 . 9 4
     3
     ─
     2 9
     2 7
     ───
       2 4
       2 4
       ───
         0
```

❷

```
      1 2 9
  6) 7 . 7 4
     6
     ─
     1 7
     1 2
     ───
       5 4
       5 4
       ───
         0
```

5 계산해 보세요.

❶ 17.2÷4=4.3

❷ 24.57÷7=3.51

3. 소수의 나눗셈

몫이 1보다 작은 소수의 나눗셈 계산하기

(소수)<(자연수)인 경우, (소수)÷(자연수)의 몫은 1보다 작습니다.

• 분수의 나눗셈으로 바꾸어 계산하기

소수 한 자리 수는 분모가 10인 분수로, 소수 두 자리 수는 분모가 100인 분수로 바꾸어 계산합니다.

• 세로셈으로 계산하기

• 세로로 계산하고, 같은 자리에 소수점을 찍습니다.
• 자연수 부분이 비어 있으면 몫의 일의 자리에 0을 씁니다.

$$
\begin{array}{r}
0.52 \\
9\overline{)4.68} \\
45 \\
\hline
18 \\
18 \\
\hline
0
\end{array}
$$

1 □ 안에 알맞은 수를 써넣으세요.

❶ $4.2 \div 7 = \dfrac{\boxed{42}}{10} \div 7 = \dfrac{\boxed{42} \div 7}{10} = \dfrac{\boxed{6}}{10} = \boxed{0.6}$

❷ $3.68 \div 8 = \dfrac{\boxed{368}}{100} \div 8 = \dfrac{\boxed{368} \div 8}{100} = \dfrac{\boxed{46}}{100} = \boxed{0.46}$

2 자연수의 나눗셈을 이용하여 소수의 나눗셈을 계산해 보세요.

❶ $216 \div 3 = \boxed{72}$ ➡ $2.16 \div 3 = \boxed{0.72}$

❷ $498 \div 6 = \boxed{83}$ ➡ $4.98 \div 6 = \boxed{0.83}$

3 □ 안에 알맞은 수를 써넣으세요.

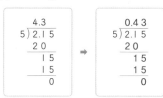

❶
$$
\begin{array}{r}
0.36 \\
9\overline{)3.24} \\
27 \\
\hline
54 \\
54 \\
\hline
0
\end{array}
$$

❷
$$
\begin{array}{r}
0.37 \\
7\overline{)2.59} \\
21 \\
\hline
49 \\
49 \\
\hline
0
\end{array}
$$

4 계산이 잘못된 곳을 찾아 바르게 계산해 보세요.

$$
\begin{array}{r}
4.3 \\
5\overline{)2.15} \\
20 \\
\hline
15 \\
15 \\
\hline
0
\end{array}
\Rightarrow
\begin{array}{r}
0.43 \\
5\overline{)2.15} \\
20 \\
\hline
15 \\
15 \\
\hline
0
\end{array}
$$

5 계산해 보세요.

❶ $1.56 \div 4 = 0.39$ ❷ $5.28 \div 8 = 0.66$

6 몫이 1보다 작은 나눗셈을 모두 찾아 기호를 써 보세요.

㉠ $2.88 \div 2$	㉡ $1.44 \div 3$
㉢ $1.35 \div 5$	㉣ $6.21 \div 3$

▶ 나누어지는 수보다 나누는 수가 클 때 몫이 1보다 작습니다. (㉡, ㉢)

㉠ $2.88 \div 2 > 1$ ㉡ $1.44 \div 3 < 1$ ㉢ $1.35 \div 5 < 1$ ㉣ $6.21 \div 3 > 1$

---

3. 소수의 나눗셈

소수점 아래 0을 내려 계산하는 소수의 나눗셈 계산하기

• 분수의 나눗셈으로 바꾸어 계산하기

6.1=6.10임을 이용해서 (소수)÷(자연수)를 계산합니다.

$$6.1 \div 5 = \frac{61}{10} \div 5 = \frac{610}{100} \div 5 = \frac{610 \div 5}{100} = \frac{122}{100} = 1.22$$

• 세로셈으로 계산하기

계산이 끝나지 않으면 0을 내려서 나머지가 0이 될 때까지 계산합니다.

$$
\begin{array}{r}
1.22 \\
5\overline{)6.10} \\
5 \\
\hline
11 \\
10 \\
\hline
10 \\
10 \\
\hline
0
\end{array}
$$

1 □ 안에 알맞은 수를 써넣으세요.

❶ $5.8 \div 4 = \dfrac{\boxed{58}}{10} \div 4 = \dfrac{\boxed{580}}{100} \div 4 = \dfrac{\boxed{580} \div 4}{100} = \dfrac{\boxed{145}}{100} = \boxed{1.45}$

❷ $6.8 \div 8 = \dfrac{\boxed{68}}{10} \div 8 = \dfrac{\boxed{680}}{100} \div 8 = \dfrac{\boxed{680} \div 8}{100} = \dfrac{\boxed{85}}{100} = \boxed{0.85}$

2 □ 안에 알맞은 수를 써넣으세요.

$$
\begin{array}{c}
\xrightarrow{\frac{1}{100}배} \quad 450 \div 2 = 225 \\
4.5 \div 2 = \boxed{2.25} \quad \xleftarrow{\frac{1}{100}배}
\end{array}
$$

3 □ 안에 알맞은 수를 써넣으세요.

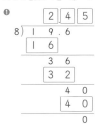
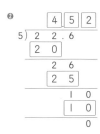

❶
$$
\begin{array}{r}
2.45 \\
8\overline{)19.6} \\
16 \\
\hline
36 \\
32 \\
\hline
40 \\
40 \\
\hline
0
\end{array}
$$

❷
$$
\begin{array}{r}
4.52 \\
5\overline{)22.6} \\
20 \\
\hline
26 \\
25 \\
\hline
10 \\
10 \\
\hline
0
\end{array}
$$

4 계산해 보세요.

❶ $1.6 \div 5 = 0.32$ ❷ $11.6 \div 8 = 1.45$

5 계산 결과의 크기를 비교하여 ○ 안에 >, =, <를 알맞게 써넣으세요.

❶ $6.2 \div 5$ $\boxed{<}$ $5.8 \div 4$
　$=1.24$　　$=1.45$

❷ $4.4 \div 8$ $\boxed{<}$ $1.9 \div 2$
　$=0.55$　　$=0.95$

6 둘레가 3.8 cm인 정사각형의 한 변의 길이는 몇 cm인지 구해 보세요.

(0.95) cm

▶ 정사각형은 네 변의 길이가 같으므로
　(정사각형 한 변의 길이)=(둘레)÷4=3.8÷4=0.95 (cm)

3. 소수의 나눗셈

몫의 첫째 자리에 0이 있는 소수의 나눗셈 계산하기

- 분수의 나눗셈으로 바꾸어 계산하기

$$6.1÷2=\frac{61}{10}÷2=\frac{610}{100}÷2=\frac{610÷2}{100}=\frac{305}{100}=3.05$$

- 세로셈으로 계산하기

나누어야 할 수가 나누는 수보다 작은 경우에는 몫에 0을 쓰고 수를 하나 더 내려 계산합니다.

1을 2로 나눌 수 없으므로 몫에 0을 쓰고 수를 하나 더 내려 계산해요.

1 □ 안에 알맞은 수를 써넣으세요.

❶ $3.15÷3=\frac{\boxed{315}}{100}÷3=\frac{\boxed{315÷3}}{100}=\frac{\boxed{105}}{100}=\boxed{1.05}$

❷ $30.2÷5=\frac{\boxed{302}}{10}÷5=\frac{\boxed{3020}}{100}÷5=\frac{\boxed{3020÷5}}{100}=\frac{\boxed{604}}{100}=\boxed{6.04}$

2 자연수의 나눗셈을 이용하여 소수의 나눗셈을 계산해 보세요.

$927÷3=\boxed{309}$ ➡ $9.27÷3=\boxed{3.09}$

3 8.16÷4를 바르게 계산한 것을 찾아 기호를 써 보세요.

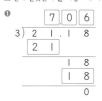 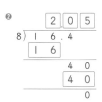

▶ 1은 4보다 작으므로 몫의 소수 첫째 자리에 (㉡) 0을 쓰고 수를 하나 더 내려 계산합니다.

4 □ 안에 알맞은 수를 써넣으세요.

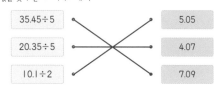

5 계산해 보세요.

❶ 8.48÷8 = 1.06   ❷ 10.2÷5 = 2.04

6 나눗셈의 몫을 찾아 선으로 이어 보세요.

35.45÷5	5.05
20.35÷5	4.07
10.1÷2	7.09

(35.45÷5 → 7.09, 20.35÷5 → 4.07, 10.1÷2 → 5.05)

---

3. 소수의 나눗셈

몫이 소수인 (자연수)÷(자연수) 계산하기

- 몫을 분수로 나타낸 다음 소수로 나타내기

$$1÷4=\frac{1}{4}=\frac{25}{100}=0.25$$

- 세로셈으로 계산하기

나누어떨어질 때까지 나누어지는 수 오른쪽 끝자리에 0을 써서 계산합니다.

나머지가 0이 될 때까지 0을 내려 계산해요.

1 □ 안에 알맞은 수를 써넣으세요.

❶ $9÷4=\frac{\boxed{9}}{4}=\frac{\boxed{9}×25}{4×25}=\frac{\boxed{225}}{100}=\boxed{2.25}$

❷ $7÷5=\frac{\boxed{7}}{5}=\frac{\boxed{7}×2}{5×2}=\frac{\boxed{14}}{10}=\boxed{1.4}$

2 □ 안에 알맞은 수를 써넣으세요.

$20÷5=4$ $2÷5=\boxed{0.4}$

(↑ $\frac{1}{10}$배, ↓ $\frac{1}{10}$배)

3 보기 와 같은 방법으로 계산해 보세요.

보기
$3÷2=\frac{3}{2}=\frac{15}{10}=1.5$

❶ $27÷5=\frac{27}{5}=\frac{54}{10}=5.4$ ❷ $15÷4=\frac{15}{4}=\frac{375}{100}=3.75$

4 □ 안에 알맞은 수를 써넣으세요.

 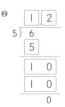

5 나눗셈의 몫이 큰 순서대로 기호를 써 보세요.

| ㉠ 11÷4   ㉡ 17÷5   ㉢ 7÷2 |

▶ ㉠ 11÷4=2.75   (㉢, ㉡, ㉠)
㉡ 17÷5=3.4
㉢ 7÷2=3.5이므로
몫이 큰 순서대로 쓰면 ㉢, ㉡, ㉠입니다.

6 줄 5 m를 똑같이 나누어 4명에게 주었습니다. 한 명이 가진 줄의 길이는 몇 m인지 구해 보세요.

▶ (한 명이 가진 줄의 길이)=5÷4=1.25 (m)   (1.25) m

3. 소수의 나눗셈

어림셈을 이용하여 소수점의 위치 찾기

• 나누어지는 수를 자연수로 반올림하여 계산하기

나눗셈의 소수를 자연수로 어림하여 계산한 후 어림한 결과와 비교하여 실제 계산한 결과의 소수점의 위치가 바른지 확인할 수 있습니다.

$$31.8 \div 4$$

어림 $32 \div 4 \Rightarrow$ 약 8
답 $31.8 \div 4 = 7.95$

1 $17.55 \div 9$를 어림을 사용하여 계산하려고 합니다. 물음에 답하세요.

❶ □ 안에 알맞은 수를 써넣으세요.

17.55를 소수 첫째 자리에서 반올림하면 $\boxed{18}$ 입니다.

17.55 ÷ 9를 어림한 식으로 나타내면 $\boxed{18} \div 9 = \boxed{2}$ 입니다.

❷ 어림셈을 바르게 계산한 식에 ○표 하세요.

$17.55 \div 9 = 0.195$ ( )
$17.55 \div 9 = 1.95$ (○)
$17.55 \div 9 = 19.5$ ( )

2 보기 와 같이 소수를 소수 첫째 자리에서 반올림하여 어림한 식으로 나타내어 보세요.

보기 $2.8 \div 3 \Rightarrow 3 \div 3$

❶ $20.65 \div 7 \Rightarrow ($ $21 \div 7$ $)$ ❷ $12.15 \div 4 \Rightarrow ($ $12 \div 4$ $)$

3 어림셈하여 몫의 소수점의 위치를 찾아 표시해 보세요.

$15.3 \div 5$
어림 $\boxed{15} \div \boxed{5} \Rightarrow$ 약 $\boxed{3}$
답 $3 \square 0 \square 6$

4 어림셈하여 몫의 소수점의 위치가 올바른 식을 찾아 ○표 하세요.

❶
$13.5 \div 6 = 225$
$13.5 \div 6 = 22.5$
$13.5 \div 6 = 2.25$ (○)
$13.5 \div 6 = 0.225$

❷
$15.96 \div 4 = 399$
$15.96 \div 4 = 39.9$
$15.96 \div 4 = 3.99$ (○)
$15.96 \div 4 = 0.399$

▶ $12 \div 6 = 2$이므로
$13.5 \div 6 = 2.25$로 어림할 수 있습니다.

▶ $16 \div 4 = 4$이므로
$15.96 \div 4 = 3.99$로 어림할 수 있습니다.

5 어림셈하여 몫이 1보다 작은 나눗셈을 모두 찾아 기호를 써 보세요.

㉠ $8.46 \div 2$ ㉡ $18.24 \div 6$ ㉢ $3 \div 4$
㉣ $2.7 \div 5$ ㉤ $10.8 \div 6$ ㉥ $1.35 \div 9$

▶ 나누어지는 수보다 나누는 수가 클 때 (㉢, ㉣, ㉥)
몫이 1보다 작으므로 ㉢, ㉣, ㉥의 몫이 1보다 작습니다.

6 어림셈하여 몫의 소수점의 위치를 찾아 선으로 이어 보세요.

$9.24 \div 7$ —— 132
$92.4 \div 7$ —— 1.32
$924 \div 7$ —— 13.2

3. 소수의 나눗셈

연습 문제

[1~4] 자연수의 나눗셈을 이용하여 소수의 나눗셈을 해 보세요.

1
$924 \div 4 = 231$
$92.4 \div 4 = \boxed{23.1}$
$9.24 \div 4 = \boxed{2.31}$

2
$936 \div 3 = 312$
$93.6 \div 3 = \boxed{31.2}$
$9.36 \div 3 = \boxed{3.12}$

3
$426 \div 2 = 213$
$42.6 \div 2 = \boxed{21.3}$
$4.26 \div 2 = \boxed{2.13}$

4
$952 \div 4 = \boxed{238}$
$95.2 \div 4 = \boxed{23.8}$
$9.52 \div 4 = \boxed{2.38}$

[5~9] □ 안에 알맞은 수를 써넣으세요.

5 $4.8 \div 3 = \dfrac{\boxed{48}}{10} \div 3 = \dfrac{\boxed{48} \div 3}{10} = \dfrac{\boxed{16}}{10} = \boxed{1.6}$

6 $7.55 \div 5 = \dfrac{\boxed{755}}{100} \div 5 = \dfrac{\boxed{755} \div 5}{100} = \dfrac{\boxed{151}}{100} = \boxed{1.51}$

7 $18.2 \div 4 = \dfrac{\boxed{182}}{10} \div 4 = \dfrac{\boxed{1820}}{100} \div 4 = \dfrac{\boxed{1820} \div 4}{100} = \dfrac{\boxed{455}}{100} = \boxed{4.55}$

8 $18.36 \div 9 = \dfrac{\boxed{1836}}{100} \div 9 = \dfrac{\boxed{1836} \div 9}{100} = \dfrac{\boxed{204}}{100} = \boxed{2.04}$

9 $3 \div 4 = \dfrac{\boxed{3}}{4} = \dfrac{\boxed{3} \times 25}{4 \times 25} = \dfrac{\boxed{75}}{100} = \boxed{0.75}$

[10~15] 계산해 보세요.

10
```
        9.1
   4 ) 3 6.4
       3 6
          4
          4
          0
```

11
```
       0.7 6
   4 ) 3.0 4
       2 8
         2 4
         2 4
           0
```

12
```
       0.2 5
   6 ) 1.5
       1 2
         3 0
         3 0
           0
```

13
```
       2.0 8
   3 ) 6.2 4
       6
         2 4
         2 4
           0
```

14
```
       1.0 5
   8 ) 8.4
       8
         4 0
         4 0
           0
```

15
```
       3.7 5
   4 ) 1 5
       1 2
         3 0
         2 8
           2 0
           2 0
            0
```

16 어림셈하여 몫의 소수점의 위치를 찾아 표시해 보세요.

❶
$29.19 \div 7$
어림 $\boxed{29} \div \boxed{7} \Rightarrow$ 약 $\boxed{4}$
답 $4 \square 1 \square 7$

❷
$40.3 \div 5$
어림 $\boxed{40} \div \boxed{5} \Rightarrow$ 약 $\boxed{8}$
답 $8 \square 0 \square 6$

3. 소수의 나눗셈 단원 평가

1 □안에 알맞은 수를 써넣으세요.

❶
$268 \div 2 = 134$
$\boxed{26.8} \div 2 = 13.4$
$\boxed{2.68} \div 2 = 1.34$

❷
$715 \div 5 = 143$
$71.5 \div 5 = \boxed{14.3}$
$7.15 \div 5 = \boxed{1.43}$

2 계산해 보세요.

❶
```
      1.93
  5) 9.65
     5
     46
     45
      15
      15
       0
```

❷
```
      5.49
  3) 16.47
     15
      14
      12
       27
       27
        0
```

3 □안에 알맞은 수를 써넣으세요.

❶ $2.28 \div 4 = \dfrac{\boxed{228}}{100} \div 4 = \dfrac{\boxed{228} \div \boxed{4}}{100} = \dfrac{\boxed{57}}{100} = \boxed{0.57}$

❷ $4.5 \div 6 = \dfrac{\boxed{45}}{10} \div 6 = \dfrac{\boxed{450}}{100} \div 6 = \dfrac{\boxed{450} \div 6}{100} = \dfrac{\boxed{75}}{100} = \boxed{0.75}$

4 자연수의 나눗셈을 이용하여 소수의 나눗셈을 계산해 보세요.

$280 \div 8 = \boxed{35}$ ➡ $2.8 \div 8 = \boxed{0.35}$

▶ 나누어지는 수를 $\dfrac{1}{100}$ 배하면 몫도 $\dfrac{1}{100}$ 배합니다.

5 계산이 잘못된 곳을 찾아 바르게 계산해 보세요.

```
      9.6
  4) 3.84
     36
      24
      24
       0
```
➡
```
      0.96
  4) 3.84
     36
      24
      24
       0
```

6 나눗셈의 몫이 큰 순서대로 기호를 써 보세요.

| ㉠ $5.45 \div 5$ $= 1.09$ | ㉡ $4.2 \div 4$ $= 1.05$ | ㉢ $12.36 \div 6$ $= 2.06$ |

(㉢, ㉠, ㉡)

7 어림셈하여 몫의 소수점의 위치를 찾아 표시해 보세요.

$32.4 \div 3$
어림 $\boxed{32} \div \boxed{3}$ ➡ 약 $\boxed{10}$
답 $1_{\square}0_{\square}8$

8 물 2 L짜리 3병과 1.5 L짜리 3병을 모두 합친 뒤 물통 6개에 똑같이 나누어 담으려고 합니다. 물통 한 개에 담을 수 있는 물은 몇 L인지 구해 보세요.

(1.75) L

▶ $2 \times 3 = 6$ (L)와 $1.5 \times 3 = 4.5$ (L)를 합치면 $6 + 4.5 = 10.5$ (L)입니다. 10.5 L를 6으로 똑같이 나누면 $10.5 \div 6 = 1.75$ (L)입니다.

9 가로가 5 cm인 직사각형의 넓이가 17 cm²일 때 세로는 몇 cm인지 구해 보세요.

(3.4) cm

▶ (직사각형의 넓이)÷(가로)=(세로)이므로 (세로)=17÷5=3.4 (cm)입니다.

---

3. 소수의 나눗셈 실력 키우기

1 평행사변형의 넓이가 12.24 cm²일 때, 높이는 몇 cm인가요?

(3.06) cm

▶ (평행사변형의 높이)=(평행사변형의 넓이)÷(밑변)
=12.24÷4=3.06 (cm)

2 0부터 9까지의 수 중에서 □ 안에 들어갈 수 있는 수를 모두 써 보세요.

$$73.8 \div 6 < 12.\square < 38.1 \div 3$$

(4, 5, 6)

▶ 73.8÷6=12.3, 38.1÷3=12.7이므로
12.3<12.□<12.7이므로 □에 알맞은 수는 4, 5, 6입니다.

3 수 카드를 보고 물음에 답하세요.

| 8 | 4 | 1 | 3 | 6 |

❶ 수 카드 중 2장을 골라 가장 큰 소수 한 자리 수를 만들고, 5로 나눈 몫을 구해 보세요.

가장 큰 소수 한 자리 수 (8.6), **답** (1.72)

▶ 수 카드 2장을 골라 만들 수 있는 가장 큰 소수 한 자리 수는 8.60이므로 8.6÷5=1.72입니다.

❷ 수 카드 중 2장을 골라 가장 작은 소수 한 자리 수를 만들고, 2로 나눈 몫을 구해 보세요.

가장 작은 소수 한 자리 수 (1.3), **답** (0.65)

▶ 수 카드 2장을 골라 만들 수 있는 가장 작은 소수 한 자리 수는 1.30이므로 1.3÷2=0.65입니다.

4 무게가 같은 오렌지 5개가 들어 있는 바구니의 무게가 1.27 kg입니다. 빈 바구니의 무게는 0.2 kg일 때, 오렌지 한 개의 무게는 몇 kg인지 풀이 과정을 쓰고 답을 구해 보세요.

풀이 (오렌지 5개의 무게)=1.27-0.2=1.07 (kg),

(오렌지 한 개의 무게)=1.07÷5=0.214 (kg)

답 0.214 kg

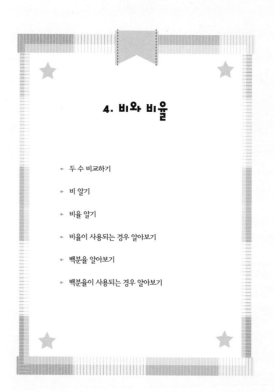

4. 비와 비율

➜ 두 수 비교하기

➜ 비 알기

➜ 비율 알기

➜ 비율이 사용되는 경우 알아보기

➜ 백분율 알아보기

➜ 백분율이 사용되는 경우 알아보기

4. 비와 비율

두 수 비교하기

• 두 양의 크기 비교하기

• 뺄셈으로 비교하기
(검은색 바둑돌 수)−(흰색 바둑돌 수)
=9−3=6
➡ 검은색 바둑돌은 흰색 바둑돌보다 6개 더 많습니다.

• 나눗셈으로 비교하기
(검은색 바둑돌 수)÷(흰색 바둑돌 수)
=9÷3=3
➡ 검은색 바둑돌 수는 흰색 바둑돌 수의 3배입니다.

• 변하는 두 양의 관계 알아보기

모둠 수	1	2	3	4	5
모둠원 수(명)	4	8	12	16	20
사탕 수(개)	8	16	24	32	40

• 나눗셈으로 비교하기
(사탕 수)÷(모둠원 수)=2, (모둠원 수)÷(사탕 수)=$\frac{1}{2}$

뺄셈으로 비교하면 수의 관계가 변하고 나눗셈으로 비교하면 수의 관계가 변하지 않아요.

➡ 사탕 수는 모둠원 수의 2배, 모둠원 수는 사탕 수의 $\frac{1}{2}$배입니다.

1 연필 수와 지우개 수를 비교하려고 합니다. 그림을 보고 물음에 답하세요.

❶ 뺄셈을 이용하여 비교해 보세요.

8 − 4 = 4 ➡ 연필은 지우개보다 4 개 더 많습니다.

❷ 나눗셈을 이용하여 비교해 보세요.

8 ÷ 4 = 2 ➡ 연필의 수는 지우개 수의 2 배입니다.

2 책상 4개와 의자 16개가 있습니다. 책상 수와 의자 수를 나눗셈으로 바르게 비교한 것의 기호를 써 보세요.

> ㉠ 의자는 책상보다 12개 더 많습니다.
>
> ㉡ 책상 수는 의자 수의 $\frac{1}{4}$배입니다.

▶ ㉠은 뺄셈으로 비교한 것입니다. (㉡)

3 누나는 올해 14살이고, 동생은 올해 10살입니다. 물음에 답하세요.

❶ 표를 완성해 보세요.

	1년 후	2년 후	3년 후	4년 후	5년 후
누나의 나이(살)	15	16	17	18	19
동생의 나이(살)	11	12	13	14	15

❷ 5년 후 누나는 동생보다 몇 살 더 많은지 비교해 보세요.

5년 후 누나는 동생보다 4 살 더 많습니다.

❸ 누나와 동생의 나이의 관계를 알아볼 때, 알맞은 말에 ○표 하세요.

누나와 동생의 나이의 관계를 비교하기 위하여 (뺄셈,나눗셈)으로 비교했습니다.

4 학생 한 명당 음료수는 2개씩, 과자는 4개씩 나누어 주려고 합니다. 표를 완성하고 학생들에게 나누어 준 음료수가 28개일 때 과자는 몇 개 나누어 주었는지 구해 보세요.

학생 수(명)	1	2	3	4	5
음료수 수(개)	2	4	6	8	10
과자 수(개)	4	8	12	16	20

▶ 과자 수는 음료수 수의 2배이므로 나누어 준 음료수가 28개일 때 과자 수는 28×2=56(개)입니다. (56)개

4. 비와 비율

비 알기

비: 두 수를 나눗셈으로 비교하기 위해 기호 :을 사용하여 나타낸 것

두 수 3과 2의 비교

쓰기	읽기
3:2	3 대 2
	3과 2의 비
	3의 2에 대한 비
	2에 대한 3의 비

3 : 2와 2 : 3은 서로 다른 비예요.

3 : 2에서 :의 오른쪽에 있는 수가 기준이므로 3(비교하는 양) : 2(기준량)입니다.

1 □ 안에 알맞게 써넣으세요.

두 수를 나눗셈으로 비교하기 위해 기호 :을 사용하여 나타낸 것을 비 (이)라고 합니다.

두 수 3과 5를 비교할 때, 3:5 (이)라 쓰고 3 대 5라고 읽습니다.

2 □ 안에 알맞은 수를 써넣으세요.

4:7 ⟨
- 4 대 7
- 4와 7 의 비
- 4 의 7에 대한 비
- 7 에 대한 4의 비

3 그림을 보고 지우개 수와 연필 수의 비를 바르게 나타낸 것에 ○표 하세요.

2:5 ( ) 5:2 (○)

4 관계있는 것끼리 선으로 이어 보세요.

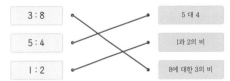

3:8		5 대 4
5:4		1과 2의 비
1:2		8에 대한 3의 비

5 그림을 보고 전체에 대한 색칠한 부분의 비를 써넣으세요.

❶ ➡ 1 : 3   ❷ ➡ 5 : 6

6 그림을 보고 다음을 비로 나타내어 보세요.

축구공 야구공 농구공

❶ 축구공 수와 야구공 수의 비 ➡ 3 : 7

❷ 야구공 수에 대한 농구공 수의 비 ➡ 2 : 7

❸ 농구공 수의 축구공 수에 대한 비 ➡ 2 : 3

4. 비와 비율

비율 알기

비율: 기준량에 대한 비교하는 양의 크기

$$(비율)=(비교하는 양)÷(기준량)=\frac{(비교하는 양)}{(기준량)}$$

$5:10$을 비율로 나타내면 $\frac{5}{10}=\frac{1}{2}$ 또는 0.5입니다.
(비교하는 양) (기준량)

1 비교하는 양과 기준량을 찾아 쓰고 비율을 구해 보세요.

비	비교하는 양	기준량	비율(분수)	비율(소수)
3:5	3	5	$\frac{3}{5}$	0.6
11:4	11	4	$\frac{11}{4}$	2.75

2 주어진 비의 비율을 분수로 나타내어 보세요.

❶  3과 8의 비 ➡ $\frac{3}{8}$

❷ 7에 대한 1의 비 ➡ $\frac{1}{7}$

3 주어진 비의 비율을 소수로 나타내어 보세요.

❶ 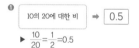 10의 20에 대한 비 ➡ 0.5

▶ $\frac{10}{20}=\frac{1}{2}=0.5$

❷  3 대 4 ➡ 0.75

▶ $\frac{3}{4}=\frac{75}{100}=0.75$

4 기준량을 나타내는 수가 다른 하나를 찾아 기호를 써 보세요.

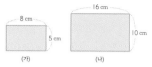
㉠ 3 : 5	㉡ 5에 대한 2의 비
㉢ 4와 5의 비	㉣ 5의 8에 대한 비

▶ ㉠, ㉡, ㉢의 기준량은 5, ㉣의 기준량은 80이므로
기준량을 나타내는 수가 다른 것은 ㉣입니다.   (㉣)

5 두 직사각형을 보고 물음에 답하세요.

(가) 8 cm, 5 cm   (나) 16 cm, 10 cm

❶ 표를 완성해 보세요.

	세로에 대한 가로의 비	비율(분수)	비율(소수)
(가)	8 : 5	$\frac{8}{5}$	1.6
(나)	16:10	$\frac{16}{10}\left(=\frac{8}{5}\right)$	1.6

❷ 두 직사각형의 비율에 대하여 바르게 설명한 것에 ○표 하세요.

두 직사각형의 세로에 대한 가로의 비는 ((같습니다) , 다릅니다).

6 동전 한 개를 20번 던져서 나온 면을 표로 나타낸 것입니다. 동전을 던진 횟수에 대한 숫자 면이 나온 횟수의 비율을 분수와 소수로 각각 나타내어 보세요.

1회	2회	3회	4회	5회	6회	7회	8회	9회	10회
숫자	그림	숫자	숫자	그림	숫자	그림	숫자	숫자	숫자
11회	12회	13회	14회	15회	16회	17회	18회	19회	20회
그림	그림	그림	숫자	숫자	그림	그림	숫자	그림	숫자

▶ 숫자 면이 11번 나왔으므로 분수 ($\frac{11}{20}$), 소수 (0.55)
동전을 던진 횟수에 대한 숫자 면이 나온 횟수의 비율은 $\frac{11}{20}=\frac{55}{100}=0.55$입니다.

4. 비와 비율

비율이 사용되는 경우 알아보기

• **시간에 대한 거리의 비율 구하기**

기준량은 걸린 시간, 비교하는 양은 간 거리입니다.

$$(시간에 대한 거리의 비율)=\frac{(간 거리)}{(걸린 시간)}$$

• **넓이에 대한 인구의 비율 구하기**

기준량은 넓이, 비교하는 양은 인구입니다.

$$(넓이에 대한 인구의 비율)=\frac{(인구)}{(넓이)}$$

• **흰색 물감 양에 대한 검은색 물감 양의 비율 구하기**

기준량은 흰색 물감 양, 비교하는 양은 검은색 물감 양입니다.

$$(흰색 물감 양에 대한 검은색 물감 양의 비율)=\frac{(검은색 물감 양)}{(흰색 물감 양)}$$

1 자동차로 150 km를 가는 데 2시간이 걸렸습니다. 물음에 답하세요.

❶ 알맞은 말에 ○표 하세요.

걸린 시간에 대한 간 거리의 비율을 구할 때, 기준량은 (간 거리, (걸린 시간))이고, 비교하는 양은 ((간 거리), 걸린 시간)입니다.

❷ 걸린 시간에 대한 간 거리의 비율을 구해 보세요.

($\frac{150}{2}\left(=75\right)$)

2 새로운 색을 만들기 위해 지유는 흰색 물감 60 g과 빨간색 물감 15 g을 섞었고, 호연이는 흰색 물감 50 g과 빨간색 물감 10 g을 섞었습니다. 물음에 답하세요.

❶ 지유와 호연이가 섞은 흰색 물감 양에 대한 빨간색 물감 양의 비율을 소수로 각각 나타내어 보세요.

▶ (지유가 만든 물감의 비율)$=\frac{15}{60}=\frac{1}{4}=0.25$,   지유 (0.25)

(호연이가 만든 물감의 비율)$=\frac{10}{50}=\frac{1}{5}=0.2$ 호연 (0.2)

❷ 누가 섞은 색이 더 진한가요?

(지유)

3 세 마을의 인구와 넓이를 조사한 표입니다. 물음에 답하세요.

마을	들국화 마을	개나리 마을	진달래 마을
인구(명)	8200	4500	6000
넓이(km²)	20	10	15

❶ 각 마을별 넓이에 대한 인구의 비율은 얼마인지 구해 보세요.

▶ (넓이에 대한 인구의 비율)$=\frac{(인구)}{(넓이)}$

들국화 마을 ($\frac{8200}{20}(=410)$)
개나리 마을 ($\frac{4500}{10}(=450)$)
진달래 마을 ($\frac{6000}{15}(=400)$)

❷ 세 마을 중 인구가 가장 밀집한 마을은 어느 마을인가요?

(개나리 마을)

4 물에 꿀 50 mL를 넣어 꿀물 200 mL를 만들었습니다. 꿀물을 만드는 데 사용한 물의 양에 대한 꿀 양의 비율을 구해 보세요.

▶ (꿀물을 만드는 데 사용한 물의 양)
$=(꿀물의 양)-(꿀의 양)=200-50=150$ (mL)   ($\frac{50}{150}\left(=\frac{1}{3}\right)$)

물의 양에 대한 꿀의 양의 비율은 $\frac{50}{150}=\frac{1}{3}$ 입니다.

4. 비와 비율

백분율 알아보기

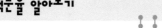

- 백분율: 기준량을 100으로 할 때의 비율로 기호 %를 사용하여 나타냅니다.

- 비율 $\frac{25}{100}$를 25 %라 쓰고 25 퍼센트라고 읽습니다.

$$\frac{1}{100}=1\%$$

$$\frac{25}{100}=25\%$$

- 비율을 백분율로 나타내기: **방법1** 기준량이 100인 비율로 나타내어 구합니다.
  방법2 비율에 100을 곱해서 나온 값에 기호 %를 붙입니다.

1 □ 안에 알맞게 써넣으세요.

기준량을 **100** 으로 할 때의 비율을 백분율이라고 합니다.
백분율은 기호 **%** 을/를 사용하여 나타내며 **퍼센트** (이)라고 읽습니다.

2 그림을 보고 전체에 대한 색칠한 부분의 비율을 백분율로 나타내어 보세요.

❶ **85** %

❷ **39** %

3 □ 안에 알맞게 써넣으세요.

비율 $\frac{2}{25}$를 백분율로 나타내려면 $\frac{2}{25}$에 **100** 을/를 곱해서 나온 **8** 에 기호 %를 붙여 나타냅니다.

4 그림을 보고 전체에 대한 색칠한 부분의 비율을 백분율로 나타내어 보세요.

❶ **70** %

❷ **64** %

5 빈칸에 알맞은 수를 써넣어 표를 완성해 보세요.

비	비율(분수)	비율(소수)	백분율(%)
3 : 5	$\frac{3}{5}$	0.6	60
13 : 25	$\frac{13}{25}$	0.52	52

6 □ 안에 알맞은 수를 써넣으세요.

❶ $\frac{11}{20}\times100=$ **55** ➡ **55** %

❷ $\frac{3}{4}\times100=$ **75** ➡ **75** %

7 비율을 백분율로 나타내어 보세요.

❶ $\frac{1}{10}$ ➡ **10** %

❷ $\frac{19}{50}$ ➡ **38** %

❸ 0.3 ➡ **30** %

❹ 0.41 ➡ **41** %

---

4. 비와 비율

백분율이 사용되는 경우 알아보기

- **할인율 계산하기**

  원래 가격이 1000원이고 할인 금액이 300원일 때 $\frac{300}{1000}\times100=30$ (%)입니다.

- **득표율 계산하기**

  전체 투표수가 500표이고 A 후보의 득표수가 200표일 때 $\frac{200}{500}\times100=40$ (%)입니다.

- **용액의 진하기 계산하기**

  설탕 15 g을 녹여 설탕물 150 g을 만들었을 때 $\frac{15}{150}\times100=10$ (%)입니다.

1 현지가 놀이공원에 갔습니다. 놀이공원의 입장료는 10000원인데 현지는 할인권을 이용하여 7000원에 입장했습니다. 물음에 답하세요.

❶ 입장료의 할인 금액을 구해 보세요.

(할인 금액)=10000− **7000** = **3000** (원)

❷ 입장료의 할인율을 구해 보세요.

$\frac{3000}{10000}\times100=$ **30** (%)

2 대표를 뽑는 선거에서 현수네 반 25명이 투표하여 현수는 13표를 얻었습니다. 현수의 득표율은 몇 %인가요?

(**52**) %

▶ (현수의 득표율)=$\frac{13}{25}\times100=52$ (%)

3 체육 시간에 농구 연습을 하였습니다. 하진이와 동연이 중 누구의 성공률이 더 높은지 구해 보세요.

하진: 나는 25번을 던져 16번을 성공하였어.
동연: 나는 40번을 던져 22번을 성공하였어.

하진이의 성공률은 **64** %, 동연이의 성공률은 **55** %이므로

성공률이 더 높은 사람은 **하진** 입니다.

▶ (하진이의 성공률)=$\frac{16}{25}\times100=64$ (%)

(동연이의 성공률)=$\frac{22}{40}\times100=55$ (%)

4 어느 마트에서 정가가 3200원인 과자를 2400원에 팔고, 정가가 2500원인 음료수를 2050원에 팔고 있습니다. 물음에 답하세요.

❶ 과자의 할인율은 몇 %인가요?

▶ (과자의 할인율)=$\frac{(\text{할인 금액})}{(\text{정가})}=\frac{800}{3200}\times100=25$ (%) (**25**) %

❷ 음료수의 할인율은 몇 %인가요?

▶ (음료수의 할인율)=$\frac{(\text{할인 금액})}{(\text{정가})}=\frac{450}{2500}\times100=18$ (%) (**18**) %

❸ 과자와 음료수 중 할인율이 더 높은 것은 무엇인가요?

(**과자**)

5 다음과 같은 소금물을 만들었습니다. 어느 컵에 있는 소금물이 더 연한지 기호를 써 보세요.

㉮ 컵: 소금 60 g을 넣어 소금물 400 g을 만들었습니다.
㉯ 컵: 소금 35 g을 넣어 소금물 250 g을 만들었습니다.

▶ (㉮의 농도)=$\frac{60}{400}\times100=15$ (%) (**㉯**)컵

(㉯의 농도)=$\frac{35}{250}\times100=14$ (%)

4. 비와 비율 연습 문제

1 □ 안에 알맞은 수를 써넣으세요.

$5:8$
- 5 대 **8**
- **5** 의 8에 대한 비
- **8** 에 대한 5의 비
- 5와 **8** 의 비

[2~3] 그림을 보고 빈칸에 알맞게 써넣으세요.

2

사과 수와 오렌지 수의 비	7:2
오렌지 수와 사과 수의 비	2:7

3

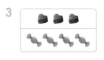

초콜릿 수의 사탕 수에 대한 비	3:4
초콜릿 수에 대한 사탕 수의 비	4:3

[4~5] 다음 비율을 구해 보세요.

4

남학생 수에 대한 여학생 수의 비율 ➡ $\dfrac{21}{25}$

5

흰색 물감 양에 대한 검은색 물감 양의 비율 ➡ $\dfrac{8}{15}$

[6~7] 그림을 보고 전체에 대한 색칠한 부분의 비를 써 보세요.

6

3 : **6**

7

5 : **8**

[8~9] 비교하는 양과 기준량을 찾고, 비율을 구해 보세요.

8

4 대 25 ➡ 비교하는 양: **4** , 기준량: **25**

➡ 비율(분수): $\dfrac{4}{25}$, 비율(소수): **0.16**

9

3의 10에 대한 비 ➡ 비교하는 양: **3** , 기준량: **10**

➡ 비율(분수): $\dfrac{3}{10}$, 비율(소수): **0.3**

[10~13] 다음 비율을 백분율로 나타내어 보세요.

10 0.58 ➡ **58** %

11 0.06 ➡ **6** %

12 $\dfrac{27}{50}$ ➡ **54** %

13 $\dfrac{13}{25}$ ➡ **52** %

---

4. 비와 비율 단원 평가

1 여학생 4명, 남학생 2명으로 조를 짜려고 합니다. 여학생 수와 남학생 수를 바르게 비교한 것을 찾아 기호를 써 보세요.

> ㉠ 여학생 수는 남학생 수의 2배입니다.
> ㉡ 여학생 수는 남학생보다 2명 더 적습니다.
> ㉢ 여학생 수는 남학생 수의 $\dfrac{1}{2}$ 배입니다.

(**㉠**)

2 다음 비에서 기준량은 얼마인가요?

7:13

(**13**)

3 비율을 분수와 소수로 나타내어 보세요.

15에 대한 6의 비

분수 ($\dfrac{6}{15}\left(=\dfrac{2}{5}\right)$), 소수 (**0.4**)

4 비율이 가장 작은 것부터 순서대로 기호를 써 보세요.

> ㉠ 10에 대한 3의 비
> ㉡ 4와 25의 비
> ㉢ 1의 5에 대한 비

▶ ㉠ $\dfrac{3}{10}$ ㉡ $\dfrac{4}{25}=\dfrac{16}{100}$ ㉢ $\dfrac{1}{5}=\dfrac{2}{10}$ (**㉡, ㉢, ㉠**)

5 흰색 물감 50 mL와 파란색 물감 15 mL를 섞어 하늘색 물감을 만들었습니다. 흰색 물감 양에 대한 파란색 물감 양의 비율을 소수로 나타내어 보세요.

(**0.3**)

▶ (흰색 물감 양에 대한 파란색 물감 양의 비율)= $\dfrac{15}{50}=\dfrac{30}{100}$ =0.3

6 고속버스는 300 km를 가는 데 4시간이 걸렸고, 우등버스는 200 km를 가는 데 3시간이 걸렸습니다. 두 버스 중 어느 버스가 더 빠른가요?

(**고속버스**)

▶ 고속버스의 빠르기: $\dfrac{300}{4}$ =75

우등버스의 빠르기: $\dfrac{200}{3}$ =66.66……

7 관계있는 것끼리 선으로 이어 보세요.

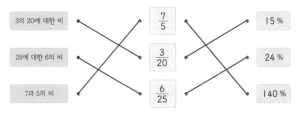

8 정우가 푼 수학 문제는 모두 25문제입니다. 그중 23문제를 맞혔다면 정우가 틀린 문제 수의 전체 문제 수에 대한 백분율은 몇 %인지 구해 보세요.

▶ 틀린 문제는 25-23=2(문제)이므로 (**8**) %

(틀린 문제 수의 전체에 대한 백분율)= $\dfrac{2}{25}$ ×100=8 (%)

실력 키우기

4. 비와 비율

1 자전거를 타고 50 km를 가는 데 2시간이 걸렸습니다. 자전거를 타고 가는 데 걸린 시간에 대한 간 거리의 비율을 구해 보세요.

($\frac{50}{2}(=25)$)

2 은행에 돈을 10000원 예금하여 한 달 후에 이자로 300원을 받았습니다. 이 은행의 월 이자율은 몇 %인가요?

(3) %

▶ (월 이자율)=$\frac{300}{10000}$×100=3 (%)

3 장난감 가게에서 정가가 15000원인 장난감을 할인하여 12000원에 판매하고 있습니다. 장난감의 할인율은 몇 %인가요?

(20) %

▶ 할인 금액은 15000−12000=3000(원)이므로
(장난감의 할인율)=$\frac{3000}{15000}$×100=20 (%)

4 총 좌석 수가 200석인 영화관에 144명이 영화를 보러 왔습니다. *좌석 점유율은 몇 %인지 구해 보세요. *좌석 점유율은 전체 좌석 수에 대한 영화를 보러 온 관객 수의 비율을 뜻합니다.

(72) %

▶ (좌석 점유율)=$\frac{144}{200}$×100=72 (%)

5 어느 그릇 공장에서 그릇 200개를 생산하였습니다. 그중에서 5 %가 불량품일 때 불량품인 그릇은 몇 개인가요?

(10)개

▶ 100 %가 200개이므로 1 %는 2개, 5 %는 10개입니다.

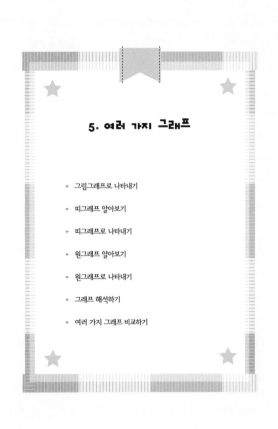

5. 여러 가지 그래프

◆ 그림그래프로 나타내기

◆ 띠그래프 알아보기

◆ 띠그래프로 나타내기

◆ 원그래프 알아보기

◆ 원그래프로 나타내기

◆ 그래프 해석하기

◆ 여러 가지 그래프 비교하기

그림그래프로 나타내기

5. 여러 가지 그래프

그림그래프: 조사한 수를 그림으로 나타낸 그래프
• 표로 나타내면 정확한 수치를 알 수 있지만, 그림그래프는 그림의 크기로 나타내므로 수량의 많고 적음을 쉽게 알 수 있습니다.
• 복잡한 자료를 간단하게 보여 줍니다.
• 그림그래프에서 큰 단위를 나타내는 그림의 수가 많을수록 자료 값이 큰 것입니다.

1 어느 마을 과수원별 사과 생산량을 조사하여 나타낸 그림그래프입니다. 그림그래프를 보고 □ 안에 알맞게 써넣으세요.

과수원별 사과 생산량

❶ 🍎은 1000 kg, 🍎은 100 kg을 나타냅니다.

❷ 빨강 과수원의 사과 생산량은 🍎 3개, 🍎 2개이므로 3200 kg입니다.

❸ 주황 과수원의 사과 생산량은 1500 kg입니다.

❹ 초록 과수원의 사과 생산량은 700 kg입니다.

❺ 사과 생산량이 가장 많은 과수원은 빨강 과수원이고, 가장 적은 과수원은 초록 과수원입니다.

2 소희네 마을의 도서관별 책 수를 조사한 표를 보고 그림그래프로 나타내어 보세요.

도서관별 책 수

도서관	가	나	다	라
책 수(권)	4500	1800	6000	2300

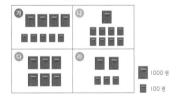

3 도시별 연간 관광객 수를 나타낸 그림그래프입니다. 물음에 답하세요.

도시별 연간 관광객 수

❶ 그림그래프에 대한 설명 중 바른 것에는 ○표, 틀린 것에는 ✕표 하세요.

• 연간 관광객이 가장 많은 도시는 가 도시입니다. (○)
• 연간 관광객이 가장 적은 도시는 나 도시입니다. (✕)
• 다 도시의 연간 관광객 수는 나 도시의 연간 관광객 수의 2배입니다. (○)
• 네 도시 모두 연간 관광객 수가 10000명이 넘습니다. (✕)

❷ 그림그래프로 나타내면 어떤 점이 좋은지 써 보세요.

예 도시별 연간 관광객 수를 쉽게 비교할 수 있습니다.

5. 여러 가지 그래프
띠그래프 알아보기

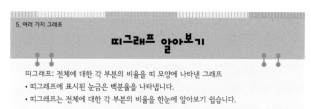

띠그래프: 전체에 대한 각 부분의 비율을 띠 모양에 나타낸 그래프
- 띠그래프에 표시된 눈금은 백분율을 나타냅니다.
- 띠그래프는 전체에 대한 각 부분의 비율을 한눈에 알아보기 쉽습니다.

과목별 좋아하는 학생 수

| 체육 (30 %) | 수학 (25 %) | 영어 (25 %) | 사회 (20 %) |

> 좋아하는 학생 수가 가장 많은 과목은 체육이에요.

1 동규네 반 학생들이 배우고 싶은 운동을 조사하여 나타낸 표입니다. 물음에 답하세요.

배우고 싶은 운동별 학생 수

운동	야구	축구	탁구	농구	합계
학생 수(명)	3	7	4	6	20

❶ 전체 학생 수에 대한 배우고 싶은 운동별 학생 수의 백분율을 구하려고 합니다. □ 안에 알맞은 수를 써넣으세요.

야구: $\frac{3}{20} \times 100 = 15$ (%) 축구: $\frac{7}{20} \times 100 = \boxed{35}$ (%)

탁구: $\frac{\boxed{4}}{20} \times 100 = \boxed{20}$ (%) 농구: $\frac{6}{20} \times 100 = \boxed{30}$ (%)

❷ 다음 그림과 같이 전체에 대한 각 부분의 비율을 띠 모양에 나타낸 그래프의 이름을 쓰고, □ 안에 알맞은 수를 써넣으세요.

배우고 싶은 운동별 학생 수

| 야구 (15 %) | 축구 ($\boxed{35}$ %) | 탁구 (20 %) | 농구 ($\boxed{30}$ %) |

(띠그래프)

2 어느 가게의 과일별 판매 수를 조사한 표와 띠그래프입니다. 물음에 답하세요.

과일별 판매 수

과일	사과	복숭아	포도	망고	합계
판매 수(개)	175	150	100	75	500
백분율(%)	35	30	20	15	100

과일별 판매 수

| 사과 (35 %) | 복숭아 ($\boxed{30}$ %) | 포도 ($\boxed{20}$ %) | 망고 (15 %) |

❶ 표의 빈칸에 알맞은 수를 써넣으세요.
❷ 띠그래프의 □ 안에 알맞은 수를 써넣으세요.
❸ 판매량이 가장 많은 과일은 무엇인가요?

(사과)

❹ 복숭아 판매량은 망고 판매량의 몇 배인가요?

(2)배

3 띠그래프가 표에 비해 좋은 점은 무엇인지 설명해 보세요.

설명 예 전체에 대한 각 부분의 비율을 한눈에 알아보기 쉽습니다.

4 다음은 지훈이네 집에서 한 달 동안 쓴 생활비의 쓰임새를 조사하여 나타낸 띠그래프입니다. 저축으로 쓴 생활비는 전체의 몇 %인가요?

생활비의 쓰임새별 금액

| 교육비 (36 %) | 저축 | 식품비 (22 %) | 기타 (14 %) |

▶ 백분율의 합계가 100 %이므로
(저축)=100−36−22−14=28 (%)

(28) %

---

5. 여러 가지 그래프
띠그래프로 나타내기

• 띠그래프로 나타내는 방법
① 자료를 보고 각 항목의 백분율을 구합니다.
② 각 항목의 백분율의 합계가 100 %가 되는지 확인합니다.
③ 각 항목이 차지하는 백분율의 크기만큼 선을 그어 띠를 나눕니다.
④ 나눈 부분에 각 항목의 내용과 백분율을 씁니다.
⑤ 띠그래프의 제목을 씁니다.

1 지유네 반 학생들이 도서관에서 책을 한 권씩 빌렸습니다. 학생들이 빌린 책을 종류별로 조사하여 나타낸 표입니다. 물음에 답하세요.

빌린 책의 종류별 권수

종류	학습만화	위인전	동화책	과학책	합계
권수(권)	20	15	10	5	50

❶ 빌린 책의 전체 권수에 대한 종류별 권수의 백분율을 각각 구해 보세요.

학습만화 (40) %, 위인전 (30) %
동화책 (20) %, 과학책 (10) %

❷ 각 항목의 백분율을 모두 더하면 몇 %인가요?

(100) %

❸ 띠그래프를 완성해 보세요.

빌린 책의 종류별 권수

| 학습만화 (40 %) | 위인전 (30 %) | 동화책 (20 %) | 과학책 (10 %) |

▶ 학습만화: $\frac{20}{50} \times 100 = 40$ (%), 위인전: $\frac{15}{50} \times 100 = 30$ (%),
동화책: $\frac{10}{50} \times 100 = 20$ (%), 과학책: $\frac{5}{50} \times 100 = 10$ (%)

2 소미네 학교 학생 80명이 먹고 싶은 급식 메뉴를 조사하여 나타낸 표입니다. 물음에 답하세요.

먹고 싶은 급식 메뉴별 학생 수

메뉴	불고기	비빔밥	미역국	치킨	기타	합계
학생 수(명)	28	24	8	16	4	80
백분율(%)	35	30	10	20	5	100

❶ 표의 빈칸에 알맞은 수를 써넣으세요.
❷ 표를 보고 띠그래프로 나타내어 보세요.

먹고 싶은 급식 메뉴별 학생 수

| 불고기 (35 %) | 비빔밥 (30 %) | 미역국 (10 %) | 치킨 (20 %) | 기타 (5 %) |

3 두부에 들어 있는 영양소 성분을 조사하여 나타낸 표입니다. 물음에 답하세요.

두부의 영양소

영양소	탄수화물	단백질	수분	기타	합계
백분율(%)	15	55	25	5	100

❶ 백분율의 합계는 몇 %인가요?

(100) %

❷ 표의 빈칸에 알맞은 수를 써넣으세요. ▶ (단백질)=100−15−25−5=55 (%)
❸ 표를 보고 띠그래프로 나타내어 보세요.

두부의 영양소

| 탄수화물 (15 %) | 단백질 (55 %) | 수분 (25 %) | 기타 (5 %) |

5. 여러 가지 그래프

원그래프 알아보기

원그래프: 전체에 대한 각 부분의 비율을 원 모양에 나타낸 그래프
• 원그래프에 표시된 눈금은 백분율을 나타냅니다.
• 원그래프는 전체에 대한 각 부분의 비율을 한눈에 알아보기 쉽습니다.

> 자료를 원그래프로 나타내면 각 혈액형이 차지하는 비율을 한눈에 알 수 있어요.

혈액형별 학생 수

1 학생들이 좋아하는 우유를 조사하여 나타낸 표입니다. 물음에 답하세요.

좋아하는 우유별 학생 수

우유	흰 우유	초코우유	딸기우유	바나나우유	합계
학생 수(명)	6	4	5	10	25

❶ 전체 학생 수에 대한 좋아하는 우유별 학생 수의 백분율을 구하려고 합니다. □ 안에 알맞은 수를 써넣으세요.

흰 우유: $\frac{6}{25} \times 100 = 24$ (%)   초코우유: $\frac{4}{25} \times 100 = 16$ (%)

딸기우유: $\frac{5}{25} \times 100 = 20$ (%)   바나나우유: $\frac{10}{25} \times 100 = 40$ (%)

❷ 오른쪽 그림과 같이 전체에 대한 각 부분의 비율을 원 모양에 나타낸 그래프의 이름을 쓰고, □ 안에 알맞은 수를 써넣으세요.

좋아하는 우유별 학생 수

(원그래프)

2 어느 가게의 하루 동안 팔린 빵의 수를 조사하여 나타낸 표입니다. 물음에 답하세요.

하루 동안 팔린 빵의 수

종류	크림빵	단팥빵	식빵	도넛	기타	합계
빵의 수(개)	50	70	40	30	10	
백분율(%)	25		20		5	

❶ 단팥빵과 도넛의 백분율을 각각 구해 보세요.

단팥빵 (35) %
도넛 (15) %

❷ 각 항목의 백분율의 합계는 몇 %인가요?

(100) %

❸ 원그래프의 □ 안에 알맞은 수를 써넣으세요.

하루 동안 팔린 빵의 수

❹ 하루 동안 가장 많이 팔린 빵은 무엇인가요?

(단팥빵)

❺ 표와 원그래프 중 전체에 대한 각 항목끼리의 비율을 한눈에 알 수 있는 것은 어느 것인가요?

(원그래프)

3 원그래프가 표에 비해 좋은 점은 무엇인지 설명해 보세요.

설명 예 전체에 대한 각 부분의 비율을 한눈에 알아보기 쉽습니다.

5. 여러 가지 그래프

원그래프로 나타내기

• 원그래프로 나타내는 방법
① 자료를 보고 각 항목의 백분율을 구합니다.
② 각 항목의 백분율의 합계가 100 %가 되는지 확인합니다.
③ 각 항목이 차지하는 백분율의 크기만큼 선을 그어 원을 나눕니다.
④ 나눈 부분에 각 항목의 내용과 백분율을 씁니다.
⑤ 원그래프의 제목을 씁니다.

1 정효네 반 학생들이 좋아하는 색깔을 조사하여 나타낸 표입니다. 물음에 답하세요.

좋아하는 색깔별 학생 수

색깔	빨간색	노란색	파란색	초록색	합계
학생 수(명)	6	7	4	3	20

❶ 전체 학생 수에 대한 좋아하는 색깔별 학생 수의 백분율을 각각 구해 보세요.

빨간색 (30) %, 노란색 (35) %
파란색 (20) %, 초록색 (15) %

❷ 각 항목의 백분율의 합은 몇 %인가요?

(100) %

❸ 원그래프를 완성해 보세요.

좋아하는 색깔별 학생 수

2 정수네 학교 6학년 학생 60명이 태어난 계절을 조사하여 나타낸 표입니다. 물음에 답하세요.

태어난 계절별 학생 수

계절	봄	여름	가을	겨울	합계
학생 수(명)	24	18	12	6	60
백분율(%)	40	30	20	10	100

❶ 표의 빈칸에 알맞은 수를 써넣으세요.

❷ 표를 보고 원그래프로 나타내어 보세요.

태어난 계절별 학생 수

❸ 봄에 태어난 학생 수는 겨울에 태어난 학생 수의 몇 배인가요?

(4)배

3 어느 마을의 잡곡 생산량을 조사하여 나타낸 표입니다. 콩 생산량이 팥 생산량의 2배일 때 표를 완성하고 원그래프로 나타내어 보세요.

잡곡별 생산량

잡곡	옥수수	콩	보리	팥	기타	합계
백분율(%)	35	30	15	15	5	100

잡곡별 생산량

5. 여러 가지 그래프

그래프 해석하기

1 진우네 반 학생들이 좋아하는 과목을 조사하여 나타낸 띠그래프입니다. 물음에 답하세요.

좋아하는 과목별 학생 수

	0 10 20 30 40 50 60 70 80 90 100(%)
	체육 (30 %) 미술 (25 %) 수학 (20 %) 영어 기타 (10 %)

❶ 영어를 좋아하는 학생 수는 전체의 몇 %인지 구해 보세요.

(15) %

❷ □ 안에 알맞은 수 또는 말을 써넣으세요.

• 가장 많은 학생들이 좋아하는 과목은 체육 입니다.
• 체육을 좋아하는 학생 수는 영어를 좋아하는 학생 수의 2 배입니다.
• 조사한 학생 수가 40명이라면 미술을 좋아하는 학생 수는 10 명입니다.

2 세호가 3월 한 달 동안 쓴 용돈의 지출 내역을 조사하여 나타낸 띠그래프입니다. 물음에 답하세요.

3월 용돈 지출 내역

저금 (25 %)	교통비	학용품비 (20 %)	간식비 (30 %)	기타 (10 %)

❶ 교통비는 전체의 몇 %인지 구해 보세요.

(15) %

❷ 세호가 3월에 용돈을 가장 많이 쓴 항목은 무엇인지 써 보세요.

(간식비)

❸ 세호의 한 달 용돈이 50000원이라면 저금을 하는 데 쓴 돈은 얼마인가요?

(12500)원

3 서후네 집의 1월과 7월 아파트 항목별 관리비를 조사하여 나타낸 원그래프입니다. 물음에 답하세요.

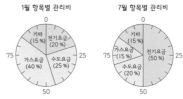

1월 항목별 관리비 / 7월 항목별 관리비

❶ 서후네 집 1월 관리비 중 수도요금이 차지하는 비율은 몇 %인가요?

(25) %

❷ 1월 관리비의 사용 비율이 높은 항목부터 차례로 써 보세요.

(가스, 수도, 전기, 기타)

❸ 1월 관리비가 150000원이라고 할 때, 1월 가스요금은 얼마인지 구해 보세요.

▶ $150000 \times \frac{40}{100} = 60000$(원)   (60000)원

❹ 7월 관리비 중에서 1월보다 비율이 더 늘어난 항목은 무엇인지 써 보세요.

(전기요금)

❺ ❹에서 찾은 항목의 비율은 1월에 비해 7월에 몇 배로 늘어났나요?

(2.5)배

❻ 7월 수도요금의 비율은 1월 수도요금의 비율의 몇 배인가요?

(0.8)배

❼ 7월 관리비 중 가스요금은 수도요금의 몇 배인가요?

(0.75)배

❽ 7월 관리비 중 전기 요금이 100000원이라고 할 때, 7월 기타에 사용한 금액은 얼마인가요?

(30000)원

▶ 50 %가 100000원이므로 5 %는 10000원입니다.
기타는 15 %이므로 10000×3=30000(원)입니다.

---

5. 여러 가지 그래프

여러 가지 그래프 비교하기

그래프	특징
그림그래프	• 알려고 하는 수(조사하는 수)를 그림으로 나타낸 그래프입니다. • 그림의 크기로 수량의 많고 적음을 쉽게 알 수 있습니다.
막대그래프	• 조사한 자료를 막대 모양으로 나타낸 그래프입니다. • 수량의 많고 적음을 한눈에 비교하기 쉽고, 각각의 크기를 비교할 때 편리합니다.
꺾은선그래프	• 수량을 점으로 표시하고, 그 점들을 선분으로 이어 그린 그래프입니다. • 수량의 변화하는 모습과 정도를 쉽게 알 수 있습니다. (시간에 따라 연속적으로 변하는 양을 나타내는 데 편리합니다.)
띠그래프	• 전체에 대한 각 부분의 비율을 띠 모양에 나타낸 그래프입니다. • 전체에 대한 각 부분의 비율을 한눈에 알아보기 쉽습니다.
원그래프	• 전체에 대한 각 부분의 비율을 원 모양에 나타낸 그래프입니다. • 전체에 대한 각 부분의 비율을 한눈에 알아보기 쉽습니다.

1 관계있는 것끼리 선으로 이어 보세요.

조사한 자료를 막대 모양으로 나타낸 그래프로 항목들의 크기를 비교할 때 편리합니다.	띠그래프
그림의 크기로 수량의 많고 적음을 쉽게 알 수 있습니다.	막대그래프
전체에 대한 각 부분의 비율을 한눈에 알아보기 쉽습니다.	그림그래프

2 1년간 자란 키의 변화를 나타내기에 알맞은 그래프를 골라 기호를 써 보세요.

㉠ 막대그래프	㉡ 꺾은선그래프
㉢ 원그래프	㉣ 그림그래프

(㉡)

3 미수네 마을의 초등학교별 학생 수를 나타낸 그림그래프입니다. 물음에 답하세요.

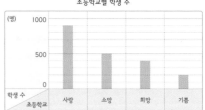

초등학교별 학생 수

😊 500 명
🙂 100 명

❶ 그래프를 보고 표를 완성해 보세요.

초등학교별 학생 수

학교	사랑	소망	희망	기쁨	합계
학생 수(명)	900	500	400	200	2000
백분율(%)	45	25	20	10	100

❷ 막대그래프로 나타내어 보세요.

초등학교별 학생 수

(명)
1000
500
0
학생 수 / 초등학교 / 사랑 / 소망 / 희망 / 기쁨

❸ 띠그래프로 나타내어 보세요.

초등학교별 학생 수

0 10 20 30 40 50 60 70 80 90 100(%)
사랑 (45 %) 소망 (25 %) 희망 (20 %) 기쁨 (10 %)

5. 여러 가지 그래프 — 연습 문제

1 표를 보고 그림그래프로 나타내어 보세요.

지역별 쌀 생산량

지역	가	나	다	라
생산량(t)	1500	1700	4200	5500

지역별 쌀 생산량

지역	생산량
가	
나	
다	
라	

1000 t
100 t

2 백분율을 구하여 표를 완성하고 띠그래프로 나타내어 보세요.

배우고 있는 운동별 학생 수

운동	수영	태권도	줄넘기	기타	합계
학생 수(명)	12	14	8	6	40
백분율(%)	30	35	20	15	100

배우고 있는 운동별 학생 수

```
0  10  20  30  40  50  60  70  80  90  100(%)
```
| 수영 (30 %) | 태권도 (35 %) | 줄넘기 (20 %) | 기타 (15 %) |

3 백분율을 구하여 표를 완성하고 원그래프로 나타내어 보세요.

스마트폰 사용 시간별 학생 수

시간	1시간 미만	1시간~ 2시간	2시간~ 3시간	3시간~ 4시간	합계
학생 수(명)	28	32	12	8	80
백분율(%)	35	40	15	10	100

스마트폰 사용 시간별 학생 수

4 지혜네 반 학생들이 태어난 계절을 조사하여 나타낸 원그래프입니다. 물음에 답하세요.

태어난 계절별 학생 수

❶ 가장 많은 학생들이 태어난 계절은 무엇인지 써 보세요.

(여름)

❷ 여름에 태어난 학생 수는 가을에 태어난 학생 수의 몇 배인지 써 보세요.

(3)배

❸ 겨울에 태어난 학생이 4명이라면 지혜네 반 학생 수는 모두 몇 명인지 구해 보세요.

(20)명

▶ 20 %가 4명이고 20 %의 5배가 100 %입니다.
따라서 지혜네 반 학생 수는 모두 4×5=20(명)입니다.

5. 여러 가지 그래프 — 단원 평가

1 마을별 돼지의 수를 나타낸 표와 그림그래프입니다. 표와 그림그래프를 완성해 보세요.

마을별 돼지의 수

마을	가	나	다	라
돼지 수(마리)	330	170	440	250

마을별 돼지의 수

100 마리
10 마리

2 수진이네 학교 6학년 학생들이 수학여행으로 가고 싶은 지역을 조사하여 나타낸 표입니다. 물음에 답하세요.

수학여행으로 가고 싶은 지역별 학생 수

지역	제주도	부산	속초	경주	합계
학생 수(명)	96	72	24	48	240
백분율(%)	40	30	10	20	100

❶ 표의 빈칸에 알맞은 수를 써넣으세요.

❷ 표를 보고 띠그래프를 완성해 보세요.

수학여행으로 가고 싶은 지역별 학생 수

```
0  10  20  30  40  50  60  70  80  90  100(%)
```
| 제주도 (40 %) | 부산 (30 %) | 속초 (10 %) | 경주 (20 %) |

❸ 수학여행으로 가고 싶은 지역별 학생 수가 많은 곳부터 순서대로 써 보세요.

(제주도, 부산, 경주, 속초)

3 세미네 학교 6학년 학생들이 많이 사용하는 컴퓨터 프로그램을 조사하여 나타낸 표입니다. 물음에 답하세요.

컴퓨터 프로그램별 학생 수

프로그램	한글	정보검색	게임	인터넷강의	합계
학생 수(명)	15	30	60	45	150
백분율(%)	10	20	40	30	100

❶ 표의 빈칸에 알맞은 수를 써넣으세요.

❷ 표를 보고 원그래프로 나타내어 보세요.

컴퓨터 프로그램별 학생 수

4 어떤 식품 1200 g에 들어 있는 영양소를 조사하여 나타낸 띠그래프입니다. 띠그래프를 보고 바르게 해석한 것을 모두 찾아 기호를 써 보세요.

식품의 영양소

| 탄수화물 | 단백질 (16 %) | 지방 (24 %) | 기타 (20 %) |

나트륨(8 %)

⍗ 탄수화물의 비율은 32 %입니다.
⍀ 탄수화물의 비율은 단백질의 비율의 3배입니다.
⍁ 이 식품에 들어 있는 나트륨의 양은 $1200 \times \frac{8}{100} = 96$ (g)입니다.
⍂ 탄수화물의 양은 지방의 양보다 16 g 더 많습니다.

▶ ⍂: $1200 \times \frac{32}{100} - 1200 \times \frac{24}{100} = 96$ (g)　　(⍗, ⍁)

실력 키우기

1 태영이네 학교에서 하루에 발생하는 쓰레기 양을 조사하여 나타낸 원그래프입니다. 물음에 답하세요.

종류별 쓰레기 발생량

기타(5 %)
일반쓰레기
(15 %)
플라스틱
(15 %)
음식물
(40 %)
헌 종이

❶ 빈칸에 알맞은 수를 써넣으세요.

종류별 쓰레기 발생량

쓰레기 종류	음식물	헌 종이	플라스틱	일반쓰레기	기타	합계
백분율(%)	40	25	15	15	5	100

❷ 하루에 발생하는 쓰레기 전체 양이 500 kg일 때 헌 종이의 양은 몇 kg인가요?

(125) kg

❸ 띠그래프로 나타내어 보세요.

종류별 쓰레기 발생량

0 10 20 30 40 50 60 70 80 90 100(%)

| 음식물 (40 %) | 헌 종이 (25 %) | 플라스틱 (15 %) | 일반쓰레기 (15 %) |

기타 (5 %)

❹ 띠그래프를 보고 알 수 있는 내용을 2가지 써 보세요.

1 예 음식물 쓰레기 발생량이 가장 많습니다.

2 예 플라스틱 쓰레기와 일반쓰레기 발생량 비율이 같습니다.

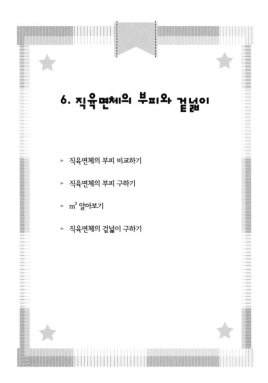

6. 직육면체의 부피와 겉넓이

• 직육면체의 부피 비교하기

• 직육면체의 부피 구하기

• m^3 알아보기

• 직육면체의 겉넓이 구하기

직육면체의 부피 비교하기

• 직접 비교하기

밑면의 가로와 세로가 같으므로 높이가 더 높은 왼쪽 상자의 부피가 더 큽니다.

4 cm
5 cm
2 cm
5 cm

직접 비교할 때에는 가로, 세로, 높이 중에서 두 곳의 길이가 같아야 해요.

• 단위 물건을 이용하여 비교하기

가는 을 6개씩 4층으로 담을 수 있고, 나는 9개씩 3층으로 담을 수 있으므로 나의 부피가 더 큽니다.

가   나
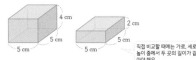

• 쌓기나무를 이용하여 비교하기

쌓기나무를 상자와 같은 크기의 직육면체 모양으로 쌓은 뒤, 쌓기나무의 수를 세어 비교합니다.

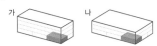 쌓기나무 6개 < 쌓기나무 18개

1 입체도형이 공간에서 차지하는 크기를 비교하려면 무엇을 비교해야 되는지 보기에서 찾아 기호를 써 보세요.

보기   ㉠ 부피   ㉡ 밑면의 넓이   ㉢ 무게   ㉣ 높이

(㉠)

2 부피가 더 큰 직육면체의 기호를 써 보세요.

가   나
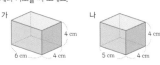
4 cm   4 cm
6 cm 4 cm   5 cm 4 cm

(가)

▶ 세로와 높이가 각각 같으므로 가로의 길이로 부피를 비교할 수 있습니다.

3 상자 가, 나, 다에 크기가 같은 직육면체 모양의 작은 상자를 담아 부피를 비교하려고 합니다. 물음에 답하세요.

가   나   다

❶ 각각의 상자에 담을 수 있는 작은 상자는 몇 개인지 구해 보세요.

가: $2 \times 3 \times 3 = 18$(개)

나: $3 \times 5 \times 3 = 45$(개)

다: $2 \times 4 \times 4 = 32$(개)

❷ 부피가 가장 큰 상자의 기호를 써 보세요.

(나)

4 크기가 같은 쌓기나무를 사용하여 만든 직육면체입니다. 부피가 작은 직육면체부터 순서대로 기호를 써 보세요.

가   나   다
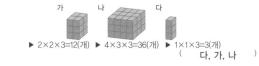

▶ $2 \times 2 \times 3 = 12$(개) ▶ $4 \times 3 \times 3 = 36$(개) ▶ $1 \times 1 \times 3 = 3$(개)

(다, 가, 나)

6. 직육면체의 부피와 겉넓이

직육면체의 부피 구하기

• 1 cm³ 알아보기

한 모서리의 길이가 1 cm인 정육면체의 부피를 1 cm³라 쓰고, 1 세제곱센티미터라고 읽습니다.

1 cm^3

• 직육면체의 부피 구하는 방법

(직육면체의 부피)=(가로)×(세로)×(높이)
=(밑면의 넓이)×(높이)

• 정육면체의 부피 구하는 방법

(정육면체의 부피)=(한 모서리의 길이)×(한 모서리의 길이)×(한 모서리의 길이)

1 □ 안에 알맞게 써넣으세요.

 한 모서리의 길이가 1 cm인 정육면체의 부피를 1 cm^3 (이)라 쓰고, 1 세제곱센티미터 (이)라고 읽습니다.

2 부피가 1 cm³인 쌓기나무로 직육면체를 만들었습니다. 직육면체의 부피는 몇 cm³인지 구해 보세요.

❶ 40 cm³

❷ 30 cm³

3 □ 안에 알맞은 수를 써넣으세요.

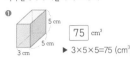
❶ (직육면체의 부피)
=6× 5 ×4
= 120 (cm³)

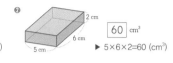
❷ (정육면체의 부피)
= 6 × 6 × 6
= 216 (cm³)

4 직육면체의 부피를 구해 보세요.

❶ 75 cm³
▶ 3×5×5=75 (cm³)

❷ 60 cm³
▶ 5×6×2=60 (cm³)

5 정육면체의 부피를 구해 보세요.

❶ 729 cm³
▶ 9×9×9=729 (cm³)

❷ 512 cm³
▶ 8×8×8=512 (cm³)

6 다음 직육면체의 부피는 96 cm³입니다. □ 안에 알맞은 수를 써넣으세요.

 2 cm

▶ (밑면의 넓이)×(높이)=(부피), 8×6×□=96, 48×□=96, □=96÷48=2

102

103

6. 직육면체의 부피와 겉넓이

m³ 알아보기

• 부피의 단위

한 모서리의 길이가 1 m인 정육면체의 부피를 1 m³라 쓰고, 1 세제곱미터라고 읽습니다.

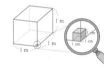

1 m^3

• 1 cm³와 1 m³의 관계

$1 \text{ m}^3 = 1 \text{ m} × 1 \text{ m} × 1 \text{ m} = 100 \text{ cm} × 100 \text{ cm} × 100 \text{ cm} = 1000000 \text{ cm}^3$

1 가로, 세로, 높이가 각각 1 m인 정육면체의 부피를 알아보려고 합니다. 물음에 답하세요.

❶ 정육면체의 부피는 몇 m³인가요?
(1) m³
❷ 정육면체의 부피는 몇 cm³인가요?
(1000000) cm³

2 직육면체의 부피가 몇 m³인지 구하려고 합니다. 물음에 답하세요.

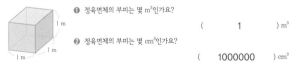
❶ 직육면체의 가로, 세로, 높이는 각각 몇 m인지 써 보세요.
가로 (6) m, 세로 (2) m, 높이 (4) m
❷ 직육면체의 부피는 몇 m³인가요?
6× 2 × 4 = 48 (m³)

3 □ 안에 알맞은 수를 써넣으세요.

❶ $5 \text{ m}^3 = \boxed{5000000} \text{ cm}^3$
❷ $1.8 \text{ m}^3 = \boxed{1800000} \text{ cm}^3$
❸ $7000000 \text{ cm}^3 = \boxed{7} \text{ m}^3$
❹ $52000000 \text{ cm}^3 = \boxed{52} \text{ m}^3$

4 그림을 보고 물음에 답하세요.

❶ 직육면체의 높이를 m로 나타내어 보세요.
(2) m
❷ 직육면체의 부피는 몇 m³인가요?
(30) m³
▶ 5×3×2=30 (m³)

5 부피가 큰 것부터 순서대로 기호를 써 보세요.

㉠ 5.5 m³
㉡ 10000000 cm³=10 m³
㉢ 가로가 4 m, 세로가 200 cm, 높이가 1.5 m인 직육면체의 부피=4×2×1.5=12 (m³)
㉣ 한 모서리의 길이가 200 cm인 정육면체의 부피=2×2×2=8 (m³)

(㉢, ㉡, ㉣, ㉠)

6 직육면체와 정육면체의 부피가 같을 때, □ 안에 알맞은 수를 써넣으세요.

▶ 9×6×□=6×6×6
9×6×□=216
54×□=216
□=216÷54
□=4

 4 m

104

105

6. 직육면체의 부피와 겉넓이

직육면체의 겉넓이 구하기

• 직육면체의 겉넓이 구하기

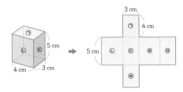

방법1 여섯 면의 넓이를 각각 구해 모두 더합니다.
➡ (직육면체의 겉넓이)=㉠+㉡+㉢+㉣+㉤+㉥
=12+20+15+20+15+12=94 (cm²)

방법2 합동인 면이 3쌍이므로 세 면의 넓이(㉠, ㉡, ㉢)의 합을 구한 뒤 2배 합니다.
➡ (직육면체의 겉넓이)=(㉠+㉡+㉢)×2
=(12+20+15)×2=94 (cm²)

방법3 두 밑면의 넓이와 옆면의 넓이를 더합니다.
➡ (직육면체의 겉넓이)=(한 밑면의 넓이)×2+(옆면의 넓이)
=㉠×2+(㉡+㉢+㉣+㉤)×5
=12×2+(4+3+4+3)×5=94 (cm²)

• 정육면체의 겉넓이 구하기

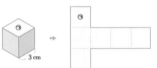

➡ (정육면체의 겉넓이)=(한 면의 넓이)×6
=(한 모서리의 길이)×(한 모서리의 길이)×6
=㉠×6=3×3×6=54 (cm²)

---

1 직육면체의 겉넓이를 구하는 식을 잘못 나타낸 것의 기호를 써 보세요.

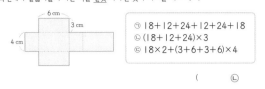

㉠ 18+12+24+12+24+18
㉡ (18+12+24)×3
㉢ 18×2+(3+6+3+6)×4

(㉡)

2 직육면체와 정육면체의 겉넓이를 구해 보세요.

❶  222 cm²

▶ (3×7+3×9+7×9)×2
=(21+27+63)×2
=111×2
=222 (cm²)

❷ 96 cm²

▶ 4×4×6=96 (cm²)

3 한 면의 넓이가 64 cm²인 정육면체의 겉넓이를 구해 보세요.

(384) cm²

▶ (한 면의 넓이)×6
=64×6=384 (cm²)

4 겉넓이가 더 큰 직육면체를 찾아 기호를 써 보세요.

가   나

▶ 가의 겉넓이:
(5×7+7×6+6×5)×2
=(35+42+30)×2
=107×2=214 (cm²)

▶ 나의 겉넓이:
(8×5+5×5+5×8)×2
=(40+25+40)×2
=105×2=210 (cm²)

(가)

▶ 214>210이므로 가의 겉넓이가 나의 겉넓이보다 더 큽니다.

---

6. 직육면체의 부피와 겉넓이 **연습 문제**

[1~2] 모양과 크기가 같은 작은 상자를 이용하여 두 상자의 부피를 비교하고 ○ 안에 >, =, <를 알맞게 써넣으세요.

1 가   나

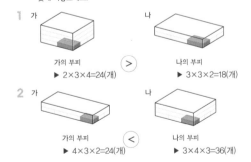

가의 부피   >   나의 부피
▶ 2×3×4=24(개)   ▶ 3×3×2=18(개)

2 가   나

가의 부피   <   나의 부피
▶ 4×3×2=24(개)   ▶ 3×4×3=36(개)

[3~4] 부피가 1 cm³인 쌓기나무를 쌓아서 만든 직육면체의 부피를 구해 보세요.

3 60 cm³

▶ 5×3×4=60 (cm³)

4 27 cm³

▶ 3×3×3=27 (cm³)

[5~6] 직육면체의 부피를 구해 보세요.

5

11 × 4 × 5 = 220 (cm³)

6

5 × 5 × 2 = 50 (cm³)

[7~10] m³는 cm³로, cm³는 m³로 나타내어 보세요.

7 2 m³= 2000000 cm³

8 0.9 m³= 900000 cm³

9 14000000 cm³= 14 m³

10 100000 cm³= 0.1 m³

11 다음 전개도를 이용하여 만들 수 있는 직육면체의 겉넓이를 구해 보세요.

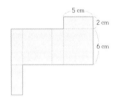

❶ 여섯 면의 넓이의 합으로 구하기

10 + 12 + 30 + 12 + 30 + 10 = 104 (cm²)

❷ 세 쌍의 면이 합동인 성질을 이용하여 구하기

(10 + 12 + 30)×2= 104 (cm²)

❸ 두 밑면의 넓이와 옆면의 넓이의 합으로 구하기

10 ×2+(2 + 5 + 2 + 5)×6= 104 (cm²)

12 정육면체의 겉넓이를 구해 보세요.

▶ (정육면체의 겉넓이)=(한 면의 넓이)×6
5×5×6=25×6=150 (cm²)

(150) cm²

단원 평가

6. 직육면체의 부피와 겉넓이

1 부피가 큰 직육면체부터 순서대로 기호를 써 보세요.

가   나   다

▶ 3×3×3=27(개)   ▶ 3×3×2=18(개)   ▶ 4×2×2=16(개)

(가, 나, 다)

2 부피가 1 cm³인 정육면체 모양의 쌓기나무를 쌓아서 상자를 만들었습니다. 쌓은 쌓기나무의 수와 부피를 구해 보세요.

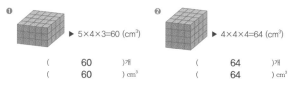

❶ ▶ 5×4×3=60 (cm³)

❷ ▶ 4×4×4=64 (cm³)

(60)개   (64)개

(60) cm³   (64) cm³

3 □ 안에 알맞은 수나 말을 써넣으세요.

한 모서리의 길이가 1 m인 정육면체의 부피를 1 m³라 하고,

1 세제곱미터 (이)라고 읽습니다.

4 □ 안에 알맞은 수를 써넣으세요.

❶ 7 m³= 7000000 cm³   ❷ 8000000 cm³= 8 m³

❸ 2.3 m³= 2300000 cm³   ❹ 500000 cm³= 0.5 m³

5 직육면체의 부피를 구해 보세요.

❶ 108 cm³   ❷ 4.2 m³

6 정육면체의 부피를 구해 보세요.

❶ 343 cm³   ❷ 27 m³

7 직육면체의 겉넓이를 구해 보세요.

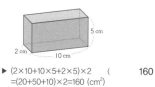

▶ (2×10+10×5+2×5)×2 (160) cm²
=(20+50+10)×2=160 (cm²)

8 정육면체 전개도를 이용하여 선물 상자를 만들려고 합니다. 만들려고 하는 선물 상자의 겉넓이는 몇 cm²인지 구해 보세요.

27 cm

▶ 정육면체의 한 모서리의 길이는 27÷3=9 (cm)입니다. (486) cm²
따라서 한 변이 9 cm인 정사각형으로 만들어진 정육면체의 겉넓이를 구합니다.
➡ 9×9×6=81×6=486 (cm²)

실력 키우기

6. 직육면체의 부피와 겉넓이

1 직육면체 모양의 상자에 한 모서리가 2 cm인 정육면체 모양의 쌓기나무를 빈틈없이 쌓아 넣었다면 넣은 쌓기나무는 모두 몇 개인가요? (단, 상자의 두께는 생각하지 않습니다.)

▶ 직육면체 가로에 넣을 수 있는 쌓기나무 수: 6개
직육면체 세로에 넣을 수 있는 쌓기나무 수: 4개 (48)개
직육면체 높이에 넣을 수 있는 쌓기나무 수: 2개
따라서 직육면체 모양의 상자에 넣은 쌓기나무는 모두 6×4×2=48(개)입니다.

2 직육면체의 부피가 216 cm³입니다. 직육면체의 높이는 몇 cm인지 구해 보세요.

▶ 직육면체의 높이를 □ cm라 하면 (4) cm
9×6×□=216, 54×□=216이므로
□=216÷54=4입니다

3 정육면체의 부피가 125000000 cm³일 때, 정육면체의 한 변의 길이는 몇 m인지 구해 보세요.

▶ 125000000 cm³=125 m³이고 5×5×5=125이므로 (5) m
정육면체의 한 변의 길이는 5 m입니다.

4 다음 전개도를 이용하여 만든 정육면체의 겉넓이가 384 cm²일 때, 정육면체의 한 모서리의 길이는 몇 cm인지 구해 보세요.

▶ 정육면체의 한 모서리의 길이를 □ cm라 하면 (8) cm
□×□×6=384이므로 □×□=64입니다.
8×8=64이므로 □=8입니다.

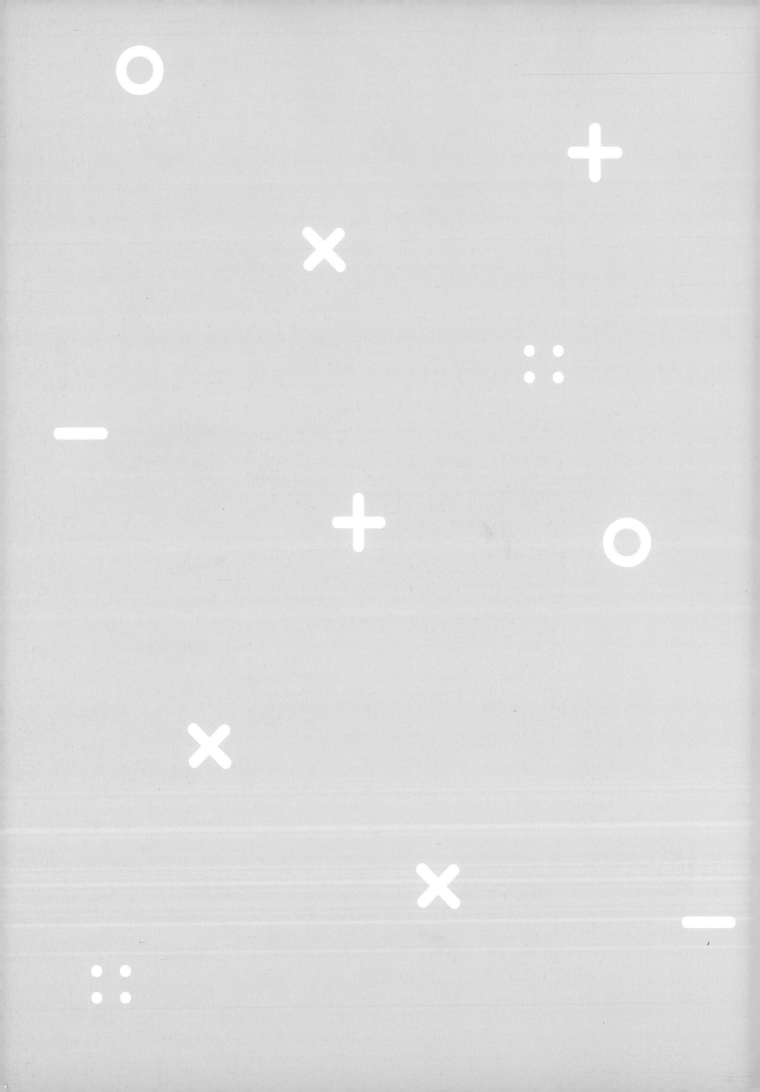